electronica · Band 246

DETLEF DAHMS

Die integrierten Schaltkreise B 42xx D

MILITÄRVERLAG
DER DEUTSCHEN DEMOKRATISCHEN
REPUBLIK

Dahms, D.: Die integrierten Schaltkreise B 42xx D. –
Berlin: Militärverlag der DDR (VEB), 1989. –
96 S., 68 Bilder – (electronica 246)

ISBN 3–327–00779–9

1. Auflage, 1989

Lizenz-Nr. 5
Printed in the German Democratic Republik
Lichtsatz: Druckerei Phönix
Druck und buchbinderische Weiterverarbeitung:
Druckerei des Ministeriums für Nationale
Verteidigung (VEB) – Berlin – 3 2348-9
Lektor: Steffen Würtenberger
Zeichnungen: Angelika Ulsamer
Typografie: Martina Schwarz
Redaktionsschluß: 5. Januar 1989
LSV 3539
Bestellnummer: 747 209 9

00190

Inhaltsverzeichnis

1. Einleitung

Die hier vorgestellten Schaltkreise zur Phasenanschnittsteuerung und Nullpunktschaltung werden im Herstellungsprozeß über verschiedene Leitbahnvarianten von einem Grund-Layout abgeleitet. Daraus folgen eine Vielzahl gleichartiger Eigenschaften der einzelnen Schaltkreise, wie gemeinsame Baugruppen und zugehörige Kennwerte, gemeinsame Gebrauchswerte, gegenseitige Austauschbarkeit für bestimmte Funktionen und ähnliche Handhabungshinweise oder Hinweise für die Platinengestaltung. Die einzelnen Baugruppen werden ausführlich beschrieben, um das notwendige Wissen für Einsatzfälle, die keiner Standardschaltung entsprechen, zu vermitteln.
Erst bei genauer Kenntnis der Bauelementefunktion sind die Kenndaten entsprechend wertbar und beliebige Einsatzfälle exakt zu dimensionieren. Nach der Beschreibung der Bauelemente folgt eine Auswahl von Anwendungsbeispielen. Die Beispiele verlassen teilweise den vorgegebenen Rahmen, der üblicherweise in Katalogen abgesteckt wird. Diese Veröffentlichung will damit Anregungen vermitteln, anstehende Probleme mit den vorgestellten Schaltkreisen vorteilhaft zu lösen.
Anhand einer Küchenmaschine wird die Anpassung der Schaltung gezeigt, um den praktischen Aufbau einer Schaltung unter Verwendung schon vorhandener elektronischer Bauelemente kostengünstig, jedoch mit einem wesentlich höheren Gebrauchswert, zu demonstrieren.
Die Schaltkreise sind speziell für die Regelung von Handbohrmaschinen ausgelegt. Ein Eingriff in diese Maschinen, um z.B. einen Tachogenerator konstruktiv sicher einzubauen, kann nur von entsprechend ausgerüsteten Fachkräften erfolgen.
Die konstruktiven Probleme werden angesprochen, um vor Fehleinschätzungen beim Umbau von Handbohrmaschinen zu warnen. Die vom Amateur mit diesen Bauelementen zu gestaltenden Anwendungsgebiete sind zahlreich. Der Umbau einer Bohr-

maschine sollte nicht zu den ersten Aufgabenstellungen gehören. Es gilt zu bedenken, daß eine Werkstatt die Reparatur des umgebauten Geräts ablehnen kann. Die Schutzisolierung des geänderten Geräts darf auf keinen Fall beeinträchtigt werden.
Die Schaltkreise werden direkt am Netz betrieben. Daher wird an dieser Stelle besonders auf mögliche Gefahren beim Aufbau von Schaltungen sowie bei Messungen an diesen Schaltungen hingewiesen. Der Einbau von Schaltungen in beliebige Geräte bzw. der Aufbau von Geräten mit angegebenen Schaltungen muß den entsprechenden Sicherheitsvorschriften genügen. Arbeiten an Versuchsaufbauten der vorgestellten Schaltungsbeispiele erfolgen prinzipiell mit Trenntransformator. Auf alle Sicherheitsvorschriften, die konsequent einzuhalten sind, kann im Rahmen dieser Veröffentlichung nicht eingegangen werden. Folgende Vorschriften müssen dem Amateur jedoch bekannt sein:

- TGL RGW 1110 für elektromechanische und Elektrowärmegeräte im Haushalt;
- TGL 778 Schutzgrade, die durch Gehäuse gewährleistet werden;
- TGL 7783 Anschlußstellen für Schutzleiter;
- TGL 200-0602 Schutzmaßnahmen in elektrotechnischen Anlagen.

Da die genannten Vorschriften nicht in jeder Bezirksbibliothek ausliegen, wird als Informationsstelle die Gesellschaft für Standardisierung in der Kammer der Technik mit Sitz in Berlin genannt.
Die TGL RGW 1110 führt verschiedene Schutzklassen auf. Der Amateur wird in den meisten Fällen nur die Schutzklasse I realisieren können, d.h., der Schutzleiter ist mit berührbaren elektrischen Teilen verbunden.
Für diesen meist lösbar ausgeführten Schutzleiteranschluß abschließend einige konstruktive Hinweise:

- schraubenloses Klemmen ist nicht zulässig,
- Schrauben mit minimaler Gewindegröße M3 verwenden,
- Zwischenlagen (Scheiben, Schellen) zur Übertragung der nötigen Kontaktkraft verwenden,

- Sicherung z.B. mit Federring gegen zufällige selbständige Lockerung,
- die Klemmstelle darf keine zusätzliche Befestigungsfunktion erfüllen,
- Lösbarkeit der Klemmstelle nur mit Werkzeug,
- Drahtquerschnitt minimal 0,5 mm^2,
- vorschriftsmäßig gebogene und verzinnte Öse,
- Kennzeichnung des Schutzleisters in unmittelbarer Nähe der Klemmstelle.

2. Prinzip der Nullspannungsschaltung

Mit zunehmender Verbreitung elektronisch gesteuerter und geregelter Geräte gewinnt die rückwirkungsarme Leistungsentnahme aus dem öffentlichen Energieversorgungsnetz an Bedeutung. Es ergeben sich folgende Forderungen:

- keine Leistungsfaktorverschlechterung,
- keine Gleichstromkomponente im Lastkreis,
- Einhaltung eines minimalen Störgrads,
- Vermeidung von Flickererscheinungen.

Flickererscheinungen sind Leuchtdichteschwankungen, die durch periodisches Schalten großer Lasten am Energieversorgungsnetz hervorgerufen werden.

International gibt es Vorschläge für eine entsprechend benannte Flickernorm, deren Grenzwerte mit Nullspannungsschaltern

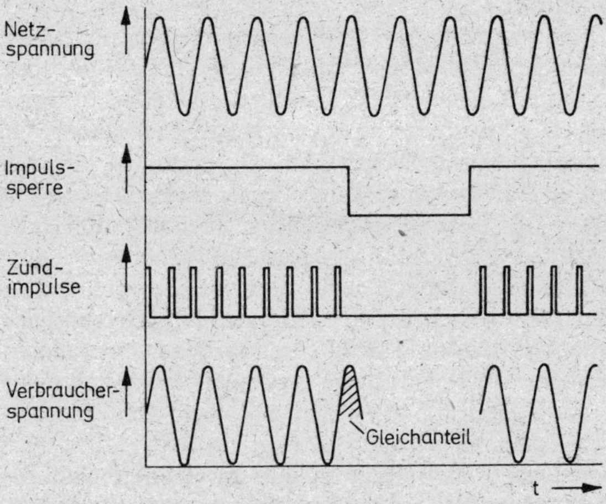

Bild 2.1 Prinzip der Schwingungspaketerzeugung

leicht eingehalten werden können. Bei ohmscher Last, bei der Strom und Spannung in Phase sind, kann das Schaltungsprinzip des Nullspannungsschalters im Zusammenhang mit einem Triac als praktisch trägheitsloser Leistungsschalter vorteilhaft genutzt werden. Hierbei ist die Eigenschaft des Triacs von Bedeutung, mit geringer Steuerleistung durchzuschalten und im Rhythmus der Netzfrequenz kurz vor jedem Nulldurchgang des Stroms wiederum selbsttätig zu unterbrechen.
Der Nullspannungsschalter muß nur jeweils im Nulldurchgang der Netzspannung einen Zündimpuls für die Ansteuerung des Triacs liefern. Werden diese Zündimpulse über eine Impulssperre verhindert oder freigegeben, so entsteht das Prinzip der Schwingungspaketsteuerung für die Steuerung oder Regelung elektrischer Verbraucher. Bild 2.1 zeigt das Prinzip der Schwingungspaketerzeugung mit Nullspannungsschalter.
Die Schaltkreise *B 4204* und *B 4205* haben keine Vollwellenlogik. Die Anzahl der Halbwellen innerhalb eines Schwingungspakets kann ungeradzahlig sein. Somit ergibt sich bei extrem kurzen Schwingungspaketen eine anteilige Gleichstromkomponente im Lastkreis.
Gegenüber mechanischen Schaltern besteht der Vorteil, daß im Schaltmoment keine Abrißfunken bei höheren Leistungen oder induktiven Lasten entstehen, die Verschleiß oder HF-Störungen hervorrufen. Die Zuverlässigkeit der Schaltungsanordnung mit Nullspannungsschalter ist größer.
Diese Vorteile allein genügen jedoch sicher nicht, um vorhandene, teilweise bewährte und preisgünstige Technik durch Nullspannungsschalter abzulösen. Moderne Nullspannungsschalter besitzen weitere Baugruppen, um Regel- und Steueraufgaben optimal und damit kostengünstig zu lösen. Ein in den Nullspannungsschaltern *B 4204* und *B 4205* vorhandener Operationsverstärker ist vor die Impulssperre geschaltet, so daß mit einer Hysterese von typisch 6,5 mV leicht mit einem vorgegebenen Sollwert verglichen werden kann.
Bild 2.2 zeigt das Regelverhalten eines Zweipunktreglers für Temperaturregelung, der sich mit dem Nullpunktschalter *B 4205* aufbauen läßt. Die Hysterese entsteht durch thermische Trägheit

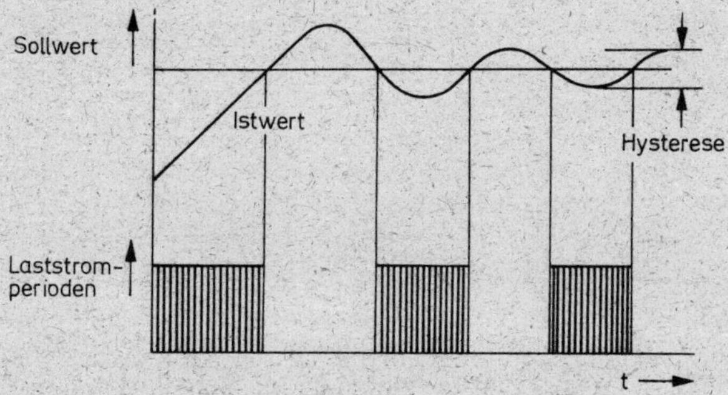

Bild 2.2 Zweipunktregelverhalten

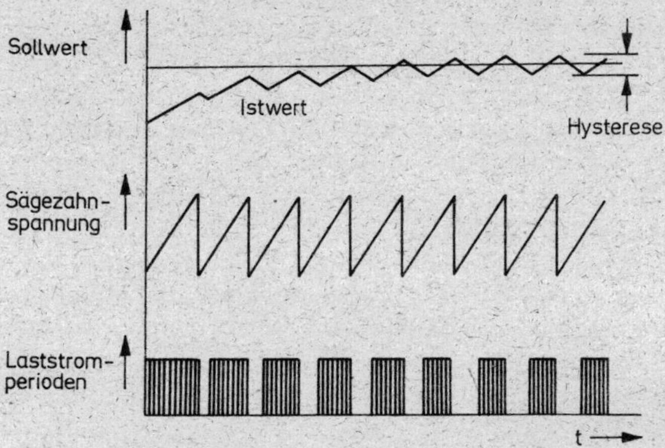

Bild 2.3 Proportionalregelverhalten

der Regelstrecke und durch die angegebene Hysterese des Regelverstärkers.
Um das Überschwingen während der Aufheizzeit zu verringern, kann mit einem zusätzlichen Rampengenerator, der an den invertierenden Eingang des Regelverstärkers angeschlossen wird, ein Proportionalregler aufgebaut werden. Diese Funktion

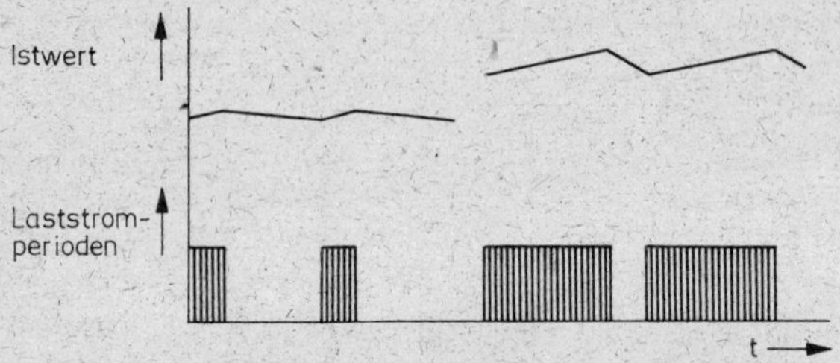

Bild 2.4 Steuerung von Schwingungspaketen durch Nutzung des Regelverstärkers als Rechteckgenerator mit variablem Impuls-Pausen-Verhältnis

ist im Bild 2.3 dargestellt. International werden Nullpunktschalter mit internem Rampengenerator angeboten.
Weitere Zusatzfunktionen erlauben proportionales Regelverhalten mit zusätzlicher „Einschalt-Vollphase", um die Anheizzeit zu verkürzen. Die im 8poligen Gehäuse angebotenen *B 4204* und *B 4205* haben keinen internen Rampengenerator. Das im Bild 2.3 gezeigte Regelverhalten kann jedoch durch externe Beschaltung erreicht werden. Zusätzlich zum Proportional- oder Zweipunkt-Regelverhalten ist die Überlagerung einer Zeitsteuerung möglich. Eine Steuerung mit Beeinflussung des Verhältnisses zwischen Zeitdauer des Schwingungspakets und Pausenzeit, wie im Bild 2.4 angegeben, ist speziell mit dem *B 4204* günstig aufzubauen. Diese Steuerung ist geeignet zur Heizleistungsminderung von Lötkolben, Kochplatten und ähnlich trägen Verbrauchern.

3. Prinzip des Phasenanschnitts zur Regelung und Steuerung

Verbraucher wie Motoren und Glühlampen können nicht mit Nullspannungsschaltern betrieben werden, wenn sie in ihrer Leistung beeinflußt werden sollen. Es bietet sich der Phasenanschnitt an, dessen Prinzip im Bild 3.1 gezeigt ist. Der Nulldurchgang der Netzspannung wird zur Synchronisation der Phasenanschnittschaltung genutzt. Durch Variation des Steuerwinkels α wird die Zeitlage des Zündimpulses und damit die effektive Leistung des Verbrauchers über den Stromflußwinkel Θ beeinflußt. Der Triac verlischt bei zu geringem Haltestrom kurz vor dem Nulldurchgang, so daß in der nächsten Halbwelle erst ein erneuter Zündimpuls den Triac wieder durchsteuert. Die Bedingung für ein einwandfreies Zünden ist ein ausreichender Haltestrom. Deshalb darf bei geringer Last nicht mit sehr kleinem Steuerwinkel in unmittelbarer Nähe des Nulldurchgangs der Triac gezündet werden, wenn keine Nachzündung vorgesehen ist.

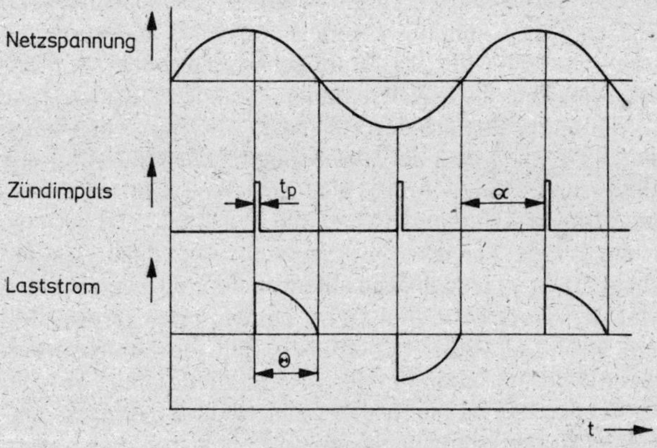

Bild 3.1 Prinzip des Phasenanschnitts

Der notwendige Haltestrom hängt vom Triac-Typ und auch vom entsprechenden Quadranten, in dem der Triac gezündet wird, ab. Das gilt analog für das Prinzip der Nullspannungsschaltung.
Bei zu geringen Halteströmen kann ebenfalls Halbwellenbetrieb auftreten, da ein Triac nicht ideal symmetrisch ist, wenn er mit Zündimpulsen nur einer Polarität betrieben wird.
Auf diese Eigenarten und entsprechenden Maßnahmen zu deren Unterdrückung wird in den speziellen Beispielen eingegangen.

3.1. Vergrößerung der Motorleistung

Die Motorleistung ist bei maximalem Stromflußwinkel Θ – kein Phasenanschnitt – am größten. Ein Motor kann innerhalb seines Kennlinienfeldes durch eine nachträglich eingebaute Regelung betrieben werden. Hierbei ist die sich ohne Last einstellende Leerlaufdrehzahl (je nach konstruktiver Ausführung) des Motors zu vermeiden. Für Handbohrmaschinen stellt das Getriebe eine Grundlast dar, die diese zu hohe Drehzahl verhindert. Steht jedoch bei der Entwicklung eines Motors fest, daß er mit einer Regelschaltung betrieben wird, kann seine Leerlaufdrehzahl konstruktiv erhöht werden. Damit vergrößert sich entsprechend Bild 3.2 seine entnehmbare Motorleistung bei einer bestimmten Drehzahl. Die dann für den Motor schädliche, hohe Leerlaufdrehzahl wird über die Regelschaltung verhindert. Je nach Höhe der Leerlaufdrehzahl muß vom Hersteller ein Schutz vorgesehen werden, der beim Defekt der Regeleinheit keine Gefahr für den Betreiber einer Handbohrmaschine entstehen läßt. Moderne, geregelte Bohrmaschinen zwischen 800 und 1000 Watt besitzen daher ein relativ kleines Motorvolumen. Die damit bessere Handhabbarkeit ist jedoch auch auf normale Weiterentwicklung der Motoren zurückzuführen. Wird ein Motor ungeregelt mit kleinem Stromflußwinkel Θ betrieben, fällt die Drehzahl entsprechend Bild 3.3 schon bei geringer Kraftentnahme ab. Der Motor ist nur bei höheren Drehzahlen oder geringen entnommenen Kräften sinnvoll einsetzbar.
Den Ausweg aus diesem Drehzahlverfall bietet die Regelung des

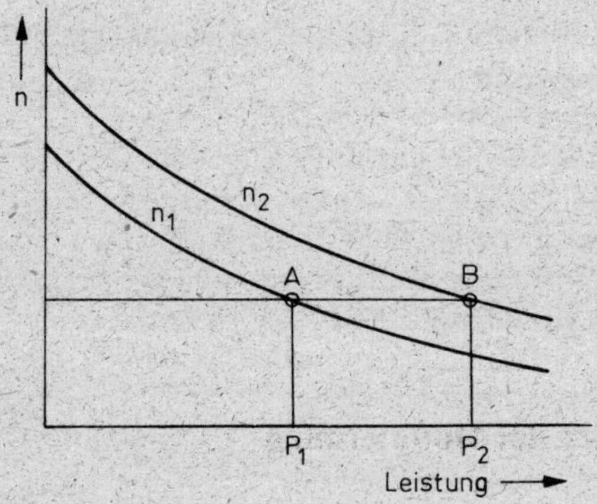

Bild 3.2
Vergrößerung der Motorleistung durch erhöhte Leerlaufdrehzahl

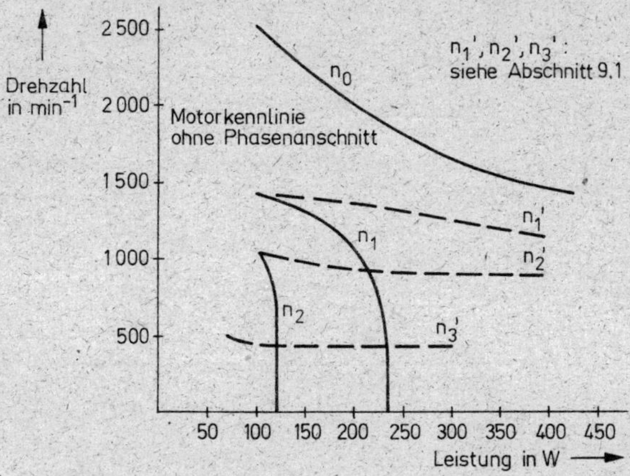

Bild 3.3 Drehzahlabfall für Regelung mit Phasenanschnitt

Motors über Phasenanschnitt. Die Drehzahl wird bei Belastung des Motors durch Vergrößerung des Stromflußwinkels konstant gehalten. Erst wenn der Stromflußwinkel sein Maximum erreicht, und damit der Punkt A für n_1 bzw. B für n_2 im Bild 3.2 erreicht ist, fällt die Drehzahl entsprechend der Motorkennlinie ab.

3.2. Grenzen der Regelung durch drehzahlabhängigen Motorwirkungsgrad

Wird ein Motor längere Zeit bei großer Leistungsabgabe und niedriger Drehzahl betrieben, ist der Wirkungsgrad zu berücksichtigen. Bild 3.4 zeigt für einen 480-W-Bohrmaschinenmotor den mit geringer Drehzahl immer kleiner werdenden Wirkungsgrad. Die Messung der Leistungsaufnahme beim Phasenanschnitt erfolgt vorteilhaft mit einem multiplizierenden Meßgerät, um den exakten Effektivwert zu erhalten.
Bei niedrigen Drehzahlen ist leicht eine Überlastung des Motors möglich, da die entsprechende Verlustleistung wegen schlechter Gebläsewirkung im niederen Drehzahlbereich nicht abgeführt wird. Die meist vorhandenen Überstromsicherungen, die nicht die Wicklungstemperatur berücksichtigen, stellen dann keinen ausreichenden Schutz dar. Sehr niedrige, geregelte Drehzahlen sind nur im Kurzzeitbetrieb nutzbar.
Die Schaltkreise *B 4206*, *B 4207* und *B 4211* ermöglichen die Kontrolle der Motortemperatur und schützen somit vor Überlastung.

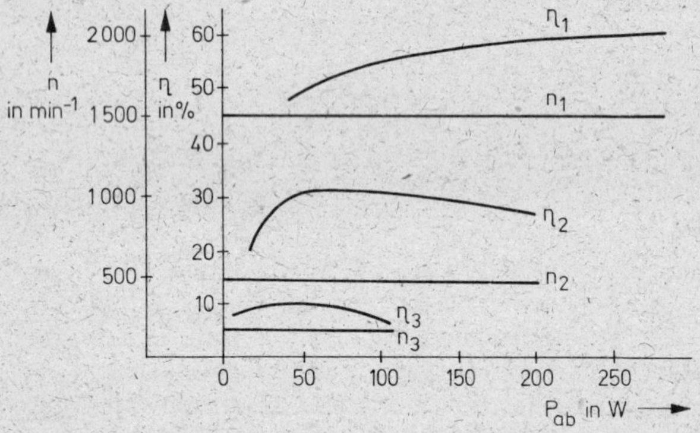

Bild 3.4 Zusammenhang zwischen Drehzahl, Wirkungsgrad und Belastung eines Motors

3.3. Vergleich zwischen tachogeführter und stromgeführter Regelung

In einer Regelanordnung wird ständig eine Größe (Istwert) gemessen und mit einer zweiten, vorgegebenen Größe (Sollwert) verglichen. Mit entsprechenden Hilfsmitteln wird die Differenz zwischen Istwert und Sollwert möglichst gering gehalten. Die Regelanordnung besteht aus Vergleich, Regler und Strecke. Bild 3.5 zeigt die Regelanordnung.
In Bild 3.6 ist diese Regelanordnung zugeschnitten für die Motorregelung dargestellt.
Mit der tachogeführten Regelung kann die Drahzahl sehr konstant gehalten werden. Abweichungen von wenigen Prozenten

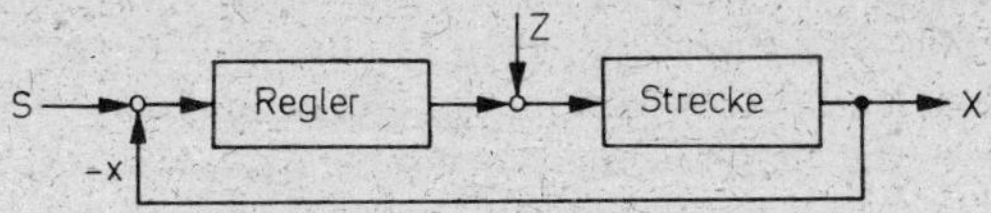

S = Sollwerteingabe (Spannung)
X = Istwert (drehzahlproportionale Spannung)
Z = Störgröße (z.B. Belastung des Motors)

Bild 3.5 Prinzip einer Regelanordnung

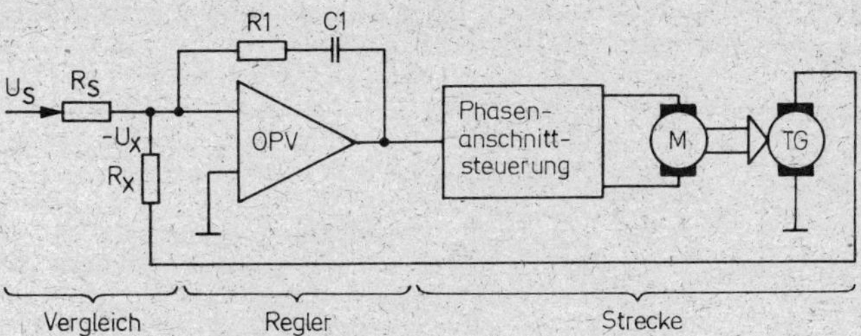

Bild 3.6 Regelanordnung für konstante Motordrehzahl

bei sehr niedrigen Drehzahlen sind über große Bereiche einer Motorbelastung erreichbar.
Ein weiterer Vorteil ist die schnelle Reaktion der Schaltungsanordnung auf sprunghafte Laständerungen. Beim Gebrauch einer tachogeregelten Bohrmaschine ist keine Drehzahländerung spürbar. Der sich ändernde Klang des Getriebes bei Belastung täuscht hierbei eine Drehzahländerung vor.
Die für den Schaltkreis *B 4206* übliche Bezeichnung „stromgeführte Regelung“ ist im oben dargestellten Sinn keine Regelung. Im Gegensatz zum einfachen Drehzahlsteller kann die entsprechende Schaltung auf veränderte Belastungszustände eines Motors reagieren. Die Regelabweichung wird indirekt über den bei Belastung größer werdenden Motorstrom ermittelt. Es gilt folgender Zusammenhang:
Größere Motorlast bewirkt gleichzeitig größeren Laststrom und Drehzahlabfall. Der über einem mit dem Motor in Reihe geschalteten, aber kleinen Fühlwiderstand ermittelte Spannungsabfall wird ausgewertet und der Steuerspannung aufgeschaltet. Damit erhöht sich der Stromflußwinkel, und ein übermäßiger Drehzahlabfall wird vermieden. Das Prinzip des Kraftnachschubs zeigt Bild 3.7.
R als Fühlwiderstand für den Laststrom muß dem Motor entsprechend angepaßt werden. Ein zu großer Widerstand würde eine zu große Last vortäuschen und die Drehzahl bei Belastung ansteigen lassen.
Störend bei diesem Kompensationsprinzip ist der in Bild 3.4 gezeigte Wirkungsgrad. Schon beim Anlauf des Motors kann der

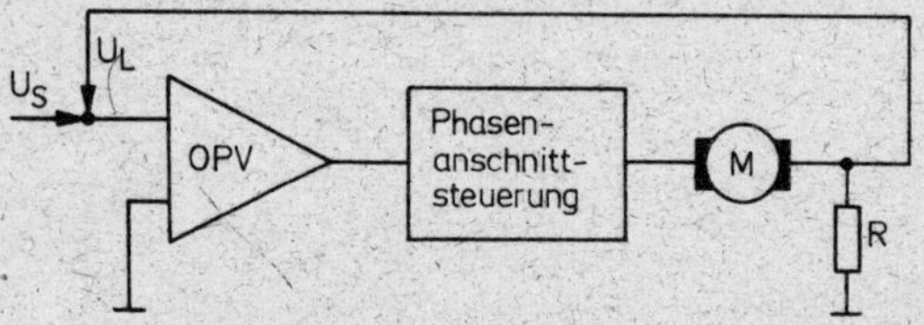

Bild 3.7 Prinzip des Kraftnachschubs bei Belastung eines Motors

dabei entstehende große Stoßstrom zum Überschwingen der Drehzahl durch zu starke Beeinflussung des Stromflußwinkels führen. Daher müssen entsprechende Zeitkonstanten in die Schaltung eingefügt werden, die jedoch eine schnelle Lastausregelung begrenzen. Dieses Prinzip ist besonders bei ruckhaften Laständerungen der tachogeführten Regelung unterlegen. Im eingeengten Drehzahlbereich mit einem Drehzahlverhältnis der maximalen zur minimalen Drehzahl von 4:1 ist die Drehzahl bei Belastung ausreichend konstant. Voraussetzung ist die genaue Anpassung des Schaltungsaufbaus an den Motor und den Drehzahlbereich.

Die Vorteile dieser Regelungsart sind dadurch gegeben, daß keine mechanische Änderung, wie Anbau eines Tachogenerators, am Motor nötig ist oder daß die Schaltung räumlich getrennt vom Motor untergebracht werden kann. Ein zusätzlicher Drehzahlregler für schon vorhandene Geräte ist damit einfacher zu verwirklichen.

4. Beschreibung von Funktionseinheiten der Schaltkreise

4.1. Gemeinsame Funktionseinheiten der Phasenanschnitt- und Nullspannungsschaltkreise

Bild 4.1 zeigt die Funktionseinheiten, die allen Schaltkreisen gemeinsam sind.

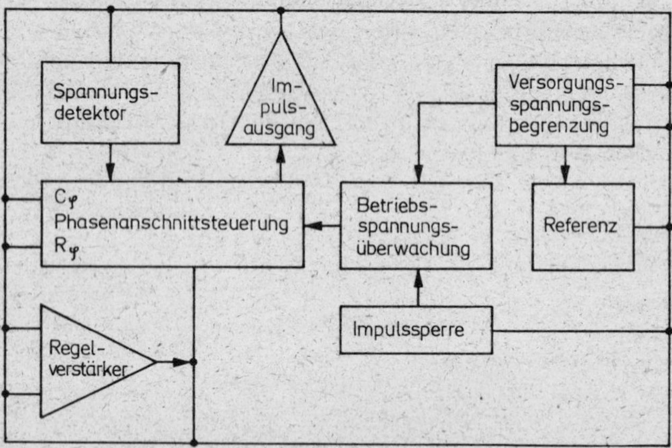

Bild 4.1 Gemeinsame Funktionseinheiten der Schaltkreise *B 4204, B 4205, B 4206, B 4207* und *B 4211*

4.1.1. Betriebsspannungsversorgung

Die Betriebsspannungsversorgung der Schaltkreise erfolgt direkt aus dem Netz über eine Diode mit 400 V Sperrspannung, einem Vorwiderstand zur Einspeisung des notwendigen Betriebsstroms

und einem Kondensator zur Glättung. Die Diode ist so gepolt, daß der Schaltkreis mit $-U_{CC}$ versorgt wird. Für alle Phasenanschnitt-Steuerschaltkreise beträgt die maximale Stromaufnahme 3 mA und für die Nullspannungsschalter 2 mA.
Über den Widerstand muß so viel mehr Strom eingespeist werden, wie mit Außenbeschaltung und Zündstromerzeugung verbraucht wird. Eine interne Betriebsspannungsbegrenzung läßt die Spannung am Siebkondensator unabhängig vom eingespeisten Strom nicht über typisch −15,5 V ansteigen, so daß sich bei ausreichender Stromeinspeisung eine konstante Betriebsspannung einstellt. Folgender Hinweis ist unbedingt zu beachten! Wird der Schaltkreis steckbar montiert, muß der Siebkondensator vor dem Stecken des Schaltkreises entladen werden, wenn die Schaltung schon am Netz angeschlossen war.

4.1.2. Referenzspannung

Direkt aus der Betriebsspannungsversorgung leitet sich die Referenzspannung von typisch −8,85 V ab. Diese Spannung besitzt eine gute Temperatur- und Laststabilität. Der Temperaturkoeffizient beträgt −0,2 mV/K und die lastabhängige Änderung der Referenzspannung 150 mV für die Laständerung von 5 mA auf 10 µA. Die Referenzspannung darf mit maximal 7,5 mA belastet werden, vorausgesetzt, über den Netzvorwiderstand wird ein entsprechend großer Strom eingespeist.

4.1.3. Betriebsspannungsüberwachung

Die Betriebsspannungsüberwachung verhindert für einige Netzperioden während des Aufbaus der Betriebsspannung undefinierte Ausgangsimpulse, indem sie im Schaltkreis alle internen Speicher rücksetzt. Gleichzeitig wird der Sanftanlaufkondensator der Phasenanschnitt-Steuerschaltkreise entladen. Das ist für den definierten Start des Sanftanlaufs notwendig. Die Betriebsspannungsüberwachung hat eine typische Schalthysterese zwischen −10,9 und −11,4 V.

Achtung! Die Bezeichnungen „größer“ und „kleiner“ beziehen sich auch nachfolgend immer auf die vorzeichenbehaftete Größe. Die Schaltkreise werden mit $-U_{CC}$ gegen Masse betrieben. Nach obiger Definition ist also −12 V eine größere Spannung als −13 V.

Maximale Werte der Schalthysterese liegen zwischen −10,7 V und −11,9 V, so daß ab −12 V Betriebsspannung die Schaltkreise sicher arbeiten. Die Parameter der Schaltkreise werden im Katalogmaterial für $-U_{CC}$ = 13 V angegeben. Spannungen zwischen −12,5 V und −14,5 V sind für die Stromversorgung über Netzteil geeignet. Bei der Stromversorgung aus dem Netz muß der Siebkondensator die Betriebsspannung über eine Netzperiode <−10,7 V halten, damit keine Schaltvorgänge über die Betriebsspannungsüberwachung ausgelöst werden.

4.1.4. Impulssperre

Auf die Betriebsspannungsüberwachung arbeitet die Impulssperre mit eigener Hysterese. Dieser Schalteingang ermöglicht beim *B 4207* und *B 4211* für Spannungen >−0,9 V das Sperren

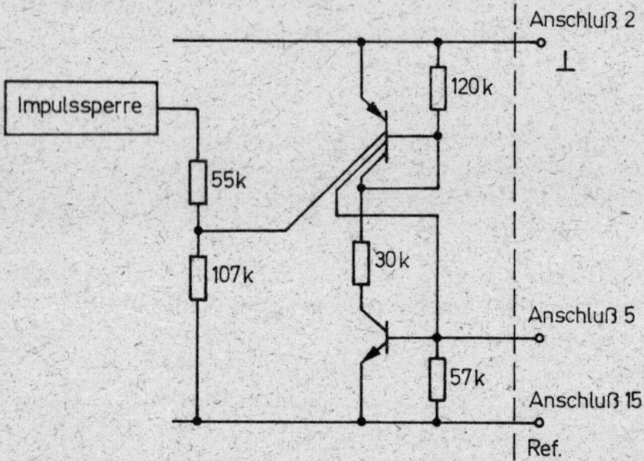

Bild 4.2 Selbsthaltende Eingangsstufe der Impulssperre beim *B 4206*

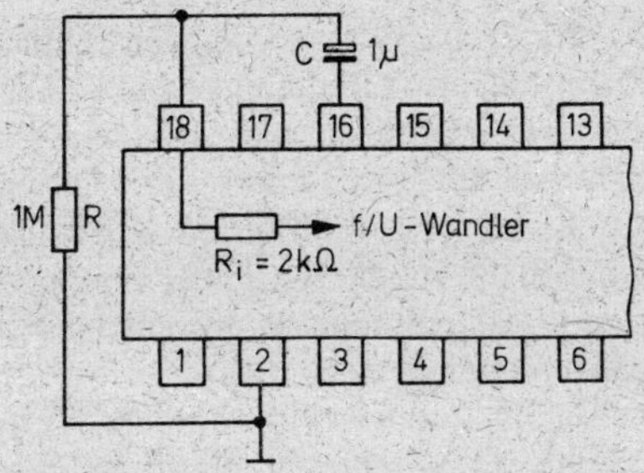

Bild 4.3
Tachoüberwachung mit Impulssperre des *B 4207* und *B 4211*

der Ausgangsimpulse. Für Spannungen <−1,9 V wird über die Betriebsspannungsüberwachung der Sanftanlauf gestartet. Beim *B 4206* ist vor der Impulssperre eine selbsthaltende Eingangsstufe nach Bild 4.2. angeordnet. Der Grund dafür ist folgender: Durch Beschaltung der Impulssperre der Schaltkreise *B 4207* und *B 4211* mit einem *RC*-Glied ist eine Tachoüberwachung möglich. Mit jedem Umladevorgang im *f/U*-Wandler, also bei funktionierendem Tacho, wird der Kondensator *C* über einen internen 2-kΩ-Widerstand entladen. Ist der Tacho defekt, so finden keine Umladevorgänge mehr statt, und der Kondensator wird über die Ausschaltschwelle hochgeladen. Die Impulssperre kann nun nur durch Unterbrechung der Betriebsspannung entriegelt werden.
Bild 4.3 zeigt das beschriebene Prinzip mit der durch *R* und *C* beeinflußten Ansprechverzögerung. Im Schaltbeispiel für den *B 4207* wird die Kombination der Tachoüberwachung mit einem Übertemperaturschutz gezeigt. Das Prinzip der bleibenden Abschaltung ist besonders beim Anschluß von Zusatzgeräten wichtig, um jegliche Gefährdungen auszuschließen.
Gleiche Gebrauchswerte erlaubt die im Bild 4.2 gezeigte Eingangsstufe des *B 4206*. Damit wird ohne Tacho ebenfalls eine Verriegelung der Impulssperre möglich. Wird die Impulssperre bei den Typen *B 4206*, *B 4207* und *B 4211* nicht genutzt, ist sie mit dem Anschluß der internen Referenzspannungsquelle zu verbinden.

Auf weitere Eigenschaften der Impulssperre wird bei den Schaltkreisbeschreibungen und Einsatzbeispielen hingewiesen. Die Nullspannungsschalter haben ebenfalls eine modifizierte Impulssperre, die über den Regelverstärker angesteuert wird. Durch zusätzliche Schaltungsmaßnahmen ist gewährleistet, daß nach Freigabe durch die Impulssperre, die auf die Betriebsspannungsüberwachung wirkt, auch der 1. Zündimpuls unmittelbar nach dem Nulldurchgang der Netzspannung generiert wird.
Versucht man, die Phasenanschnitt-Steuerschaltkreise als Nullpunktschalter zu betreiben, ist der 1. Zündimpuls nach Freigabe durch die Betriebsspannungsüberwachung entsprechend diesem Zeitpunkt beliebig innerhalb der Halbwelle gesetzt.

4.1.5. Regelverstärker

Der Regelverstärker erzeugt entsprechend der Beschaltung eine Steuerspannung, die den Istwert zum Sollwert führt. Da sein Ausgang eine Stromquelle ist, hat er eine Transmittanz von etwa 1000 μA/V. Der Ausgang kann entsprechend Bild 4.4 etwa ±120 μA aufbringen. Die Eingangsoffsetspannung beträgt typisch 3 mV. Die Eingangsströme liegen bei 10 nA. In den Nullspannungsschaltern ist der Verstärker mit seiner Leerlaufverstärkung genutzt und verwirklicht über die Hysterese der Impulssperre eine Eingangsempfindlichkeit <10 mV zwischen beiden Eingängen im gesamten Gleichtaktbereich von 0 V (Masse) bis zur Referenzspannung.
In den Nullspannungsschaltern ist der Ausgang des Operationsverstärkers über 186 kΩ intern mit der Referenzspannung verbunden. Das bewirkt resultierend eine Vergrößerung der Eingangsoffsetspannung auf etwa 50 mV. Die Eingangsempfindlichkeit wird durch die Verschiebung der Übertragungskennlinie um diese Offsetspannung nicht beeinflußt. Sie ist als Differenz der Schaltpunkte zwischen beiden Eingängen aufzufassen.

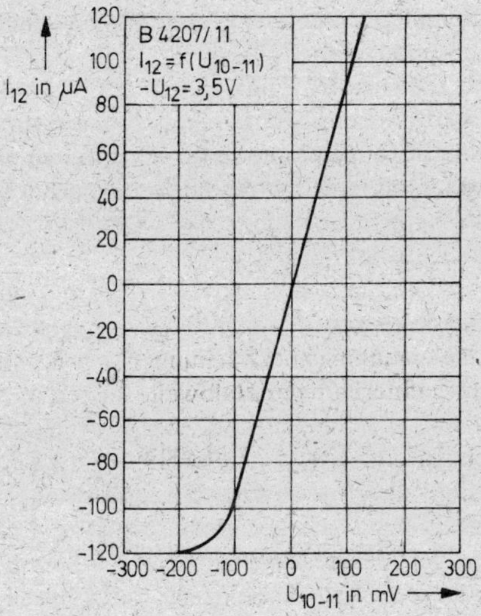

Bild 4.4
Übertragungskennlinie des Regelverstärkers

4.1.6. Spannungsdetektor

Der Spannungsdetektor bildet im Nulldurchgang der Netzspannung zur Synchronisation der Phasenanschnittsteuerung mit der Netzspannung einen Nulldurchgangsimpuls.
Die Ansprechschwelle des Spannungsdetektors liegt bei 23 µA. Damit kann die Impulsbreite des Nulldurchgangsimpulses für verschieden große Synchronisierwiderstände und unterschiedliche Versorgungsspannungen festgelegt werden. Bei den Nulldurchgangsschaltern wird mit dieser Impulsbreite und der Aufladezeit des Rampenkondensators mit 500 µA der Abstand des Zündimpulses vom Nulldurchgang festgelegt. Einzelheiten zur Synchronisierung bei Nullspannungsschaltern sind in den Kapiteln 7. und 11. aufgeführt. Der Synchronisierwiderstand ist praktisch >100 kΩ zu wählen. Seine Bauform ist trotz der geringen Verlustleistung durch eine spannungsfeste Ausführung

bestimmt (Netzspitzenspannung abzüglich Begrenzungsspannung).
Der Eingang begrenzt die beiden Halbwellen bei typisch ±8,45 V. Als Maximalwert darf der Sychronisierstrom ±5 mA betragen. Kurzzeitige Netzstörungen können für maximal 10 μs bei einer Pausenzeit von 1 ms den Synchronisiereingang mit ±35 mA belasten.

4.1.7. Phasenanschnittsteuerung

Die Phasenanschnittsteuerung legt die Phasenlage des Zündimpulses für den Triac durch Vergleich mit einer vom Spannungsdetektor netzsynchronisierten Rampenspannung und dem Sollwert am Steuereingang, der bei den Phasenanschnitt-Steuerbausteinen gleichzeitig Ausgang des Regelverstärkers ist, fest.
Bei den Nullpunktschaltern ist der Regelverstärker wie beschrieben vor die Impulssperre geschaltet. Das Prinzip der Phasenanschnittsteuerung ist jedoch beibehalten. Die Rampensteilheit wird mit der Größe des Kondensators $C\varphi$ und dessen Ladestrom beeinflußt. Der Ladestrom wird über den $R\varphi$-Eingang durch den externen Widerstand $R\varphi$ variiert. Ein interner Schutzwiderstand von 1,4 kΩ schützt den $R\varphi$-Eingang vor zu großem Ladestrom z.B. bei Variation des Einstellers $R\varphi$. In den Nullspannungsschaltern ist dieser interne Schutzwiderstand als Wert für $R\varphi$ fest verschaltet.
Die Größe von $C\varphi$ legt zusätzlich die Zündimpulsbreite t_p fest. Sie ergibt sich pro nF mit $t_p = 8$ μs bei $-U_{CC} = 13$ V. Im Betriebsfall mit Netzversorgung ist $t_p \approx 6$ μs pro nF bei $-U_{CC} = 15{,}5$ V.
Die exakte Funktion der Phasenanschnittsteuerung ist in [1] beschrieben. Eine ausführliche Darstellung an dieser Stelle ist nicht angebracht, da sie für die Handhabung der Schaltkreise keine wesentlichen Erkenntnisse bringt.
Bild 4.5 zeigt die Zusammenhänge zwischen Rampenkondensator $C\varphi$, Ladewiderstand $R\varphi$ und zugehörigen Steuerwinkel α.

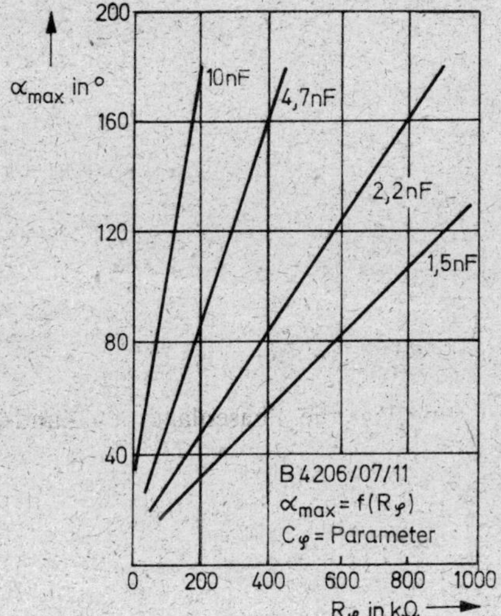

Bild 4.5
Abhängigkeit des Steuerwinkels α von $C\varphi$ und $R\varphi$

4.1.8. Impulsausgangsstufe

Die Impulsausgangsstufe erzeugt negative Zündimpulse für beide Halbwellen. Sie dient der direkten Ansteuerung des Triacs, ist kurzschlußfest und liefert einen typischen Ausgangsstrom von 125 mA. Der Strom wird über einen Widerstand von 86 Ω und den Ausgangstransistor von der Betriebsspannung abgeleitet. Bei der Begrenzungsspannung der Netzversorgung von −15,5 V erhöht sich der Zündstrom auf 145 mA gegenüber dem Katalogwert, der für $U_{CC} = -13$ V gilt. Diese Werte sind zur Zündung der meisten Triacs ausreichend. Soll der Zündstrom verringert werden, dann ist nach Bild 4.6 mit einem Gate-Vorwiderstand R_G der Ausgangsstrom zu reduzieren. Bild 4.7 zeigt zur Vervollständigung der Abhängigkeiten die Reduzierung des Ausgangsstroms bei Gegenspannungen U_G. Zur Ansteuerung von antiparallelen Thyristoren für größere

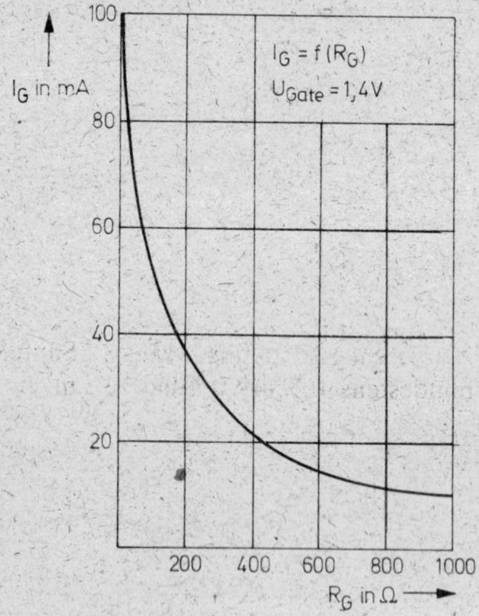

Bild 4.6
Verminderung des Zündstroms über Gate-Vorwiderstand R_G

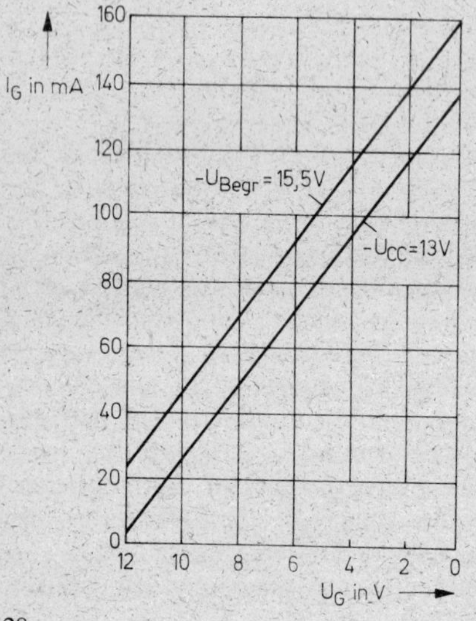

Bild 4.7
Zündstrom als Funktion der Gate-Spannung U_4

Schaltleistungen müssen ein Impulsübertrager oder eine Schaltstufe nachgeschaltet werden, um die richtige Polarität des Zündimpulses für die jeweilige Halbwelle bereitzustellen.

4.2. Gemeinsame zusätzliche Funktionseinheiten der Phasenanschnitt-Steuerschaltkreise

4.2.1. Sanftanlauf

Nach dem Aufbau der Versorgungsspannung wird der Sanftanlaufkondensator mit mindestens 0,5 mA entladen, um ein definiertes Anlaufverhalten zu gewährleisten. Erst danach wird der Sanftanlaufkondensator geladen. Der Stromflußwinkel α vergrößert sich, und der Motor beginnt zu drehen. Beim *B 4207* und beim *B 4211* erkennt der *f/U*-Wandler über den Tachogenerator die beginnende Motordrehung und schaltet von diesem Moment an den Ladestrom für den Sanftanlaufkondensator auf etwa den 10fach kleineren Wert zurück. Der Motor beginnt dadurch nur langsam zu drehen. Mit zunehmender Spannung am Sanftanlaufkondensator vergrößert sich der Ladestrom wiederum (spannungsgesteuerte Stromquelle), so daß der Motor mit steigender Drehzahl zunehmend stärker beschleunigt.
Dieses progressive Anlaufverhalten ermöglicht mit den beschriebenen Phasen ein zeitoptimiertes, ruckfreies Anlaufverhalten mit minimaler Totzeit. Bild 4.8 zeigt die entsprechende Zeitdarstellung. Die Zeit t_1 ist durch den Aufbau der Betriebsspannung bedingt. Der Siebkondensator für die Betriebsspannungsversorgung sollte nicht übermäßig groß gewählt werden, da eine zu große Totzeit als störend empfunden wird. t_2 ist die Zeitdauer der Aufladung des Sanftanlaufkondensators mit minimalem Strom bis zur Erkennung der Motordrehung durch den *f/U*-Wandler. Die Summe aus t_1 und t_2 entspricht der resultierenden Totzeit. Die restliche Hochlaufzeit hängt von der vorgewählten maximalen Drehzahl und der Größe des Sanftanlaufkondensators ab.
Beim *B 4206* ist kein *f/U*-Wandler vorhanden. Hier verläuft

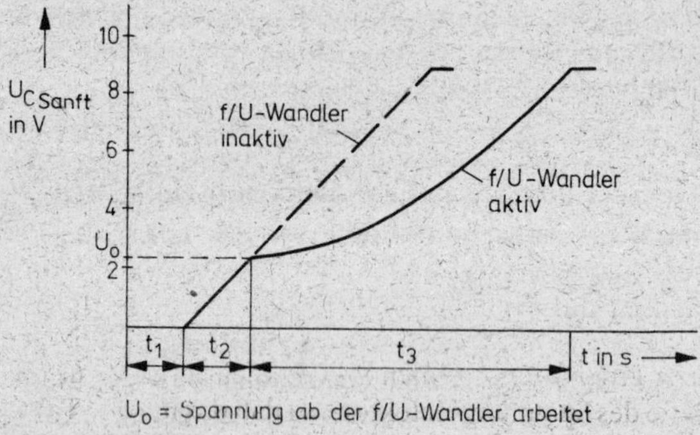

Bild 4.8 Zeitlicher Verlauf der Drehzahl in den 3 Phasen des Sanftanlaufs

der Sanftanlauf entsprechend der gestrichelten Linie. Die Steigung ist über die Größe des Sanftanlaufkondensators leicht dem gewünschten Anlaufverhalten anzupassen. Der Sanftanlauf ermöglicht das exakte Anbohren und wird daher oftmals in Prospekten als Ankörndrehzahl bezeichnet. Selbst mit kleineren Bohrern kann in relativ großen Handbohrmaschinen sicher gearbeitet werden. Außer diesem Gebrauchswert wirkt sich der Sanftanlauf vor allem schonend auf die gesamte Motorlagerung aus. Staubsauger, deren Lüfterräder bei stärkeren Motoren und ungünstiger konstruktiver Ausführung durch das ruckhafte Anlaufen oftmals schon nach geringer Betriebszeit defekt sind, sollen als Beispiel für einen sinnvollen Einsatzfall des Sanftanlaufs dienen.

4.2.2. Stromdetektor

Der Stromdetektor erzeugt analog dem Spannungsdetektor durch Auswertung der momentanen Spannung über dem Triac einen vom Laststrom abgeleiteten Synchronisierimpuls. Sein Eingang begrenzt beide Halbwellen der Netzspannung bei

typisch ±8,45 V. Die Eingangsströme sind annähernd gleich denen des Spannungsdetektors. Als Vorwiderstand sollte wie bei der Beschaltung des Spannungsdetektors ein spannungsfester Widerstand gewählt werden. Dieser Widerstand wird in den meisten Schaltungen etwa um den Faktor 1,5 größer als der des Spannungsdetektors angegeben. Die Empfindlichkeit der beiden Detektoren ist dann so gewählt, daß der Stromdetektor früher anspricht und als letzter freigibt. Damit wird die Wirkung einer Hysterese für die Nulldurchgangserkennung erreicht. Zündimpulse können nicht zu früh erzeugt werden, und Netzeinbrüche bei großen Lastströmen wirken nicht erneut auf die Schaltschwelle des Spannungsdetektors, so daß das interne Taktregime ungestört abläuft.
Die Aussage, ob Laststrom fließt oder nicht, liefert der Triac selbst. Die Spannung an der Anode A_2 springt vom Augenblickswert der Netzspannung auf etwa −1,4 V, den Wert der Durchlaßspannung des Triacs.
Der Stromdetektor ermöglicht das problemlose Steuern induktiver Lasten. Es wird erst dann ein Zündimpuls erzeugt, wenn kein nacheilender Strom aus der vorherigen Halbwelle mehr fließt und somit der Triac sicher für die gesamte Halbwelle zündet. „Lücken“ im Laststrom werden vermieden.
Der Stromdetektor muß immer beschaltet werden, auch wenn rein ohmsche Lasten gesteuert werden. Die Steuerung des Phasenanschnitts ohne Stromdetektor ist nur über den Widerstand $R\varphi$ möglich, womit sich bei minimaler Außenbeschaltung für einen fest eingestellten Phasenanschnitt eine mögliche Schaltungsvariante ergibt.

4.2.3. Nachzündautomatik

Eine kurzzeitige Stromunterbrechung, z.B. durch schlecht gelagerte oder abgenutzte Kohlebürsten des Motors, läßt den Triac verlöschen. Ebenso kann ein Zündimpuls, der zu einem Zeitpunkt erzeugt wird, in dem der Momentanwert der Spannung und damit der Haltestrom zu gering sind, den Triac nicht durchsteuern. Die entsprechende Halbwelle verläuft dann ohne Strom-

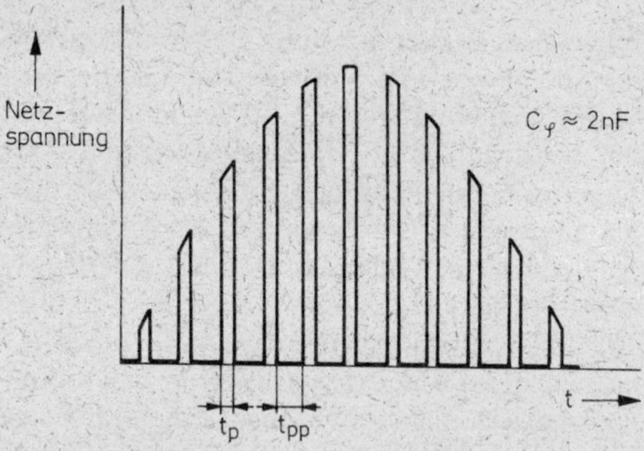

Bild 4.9 Prinzip der Nachzündung bei maximaler Nachzündrate

fluß. Diesen Nachteil verhindert die Nachzündautomatik. Nach einer Pause t_{pp} wird ein neuer Zündimpuls erzeugt. Sollte der Triac aus den angeführten Gründen nicht zünden, werden kontinuierlich bis zur Beendigung der Halbwelle oder bis zur erfolgreichen Zündung Zündimpulse mit der Impulsbreite t_p nach den Pausen t_{pp} wiederholt. Bild 4.9 zeigt den Verlauf der Spannung am Triac bei maximaler Wiederholrate und ohmscher Last. Die Schaltkreise *B 4207* und *B 4211* haben einen Steuereingang für die Nachzündrate. In den meisten Schaltbeispielen ist dieser Eingang auf Betriebsspannung geschaltet (Brücke zwischen Anschluß *3* und *5*). Die Nachzündrate ist damit maximal. Nach einer Pause t_{pp} von etwa $5t_p$ wird ein nachfolgender Impuls erzeugt.

Im *B 4206* ist die Nachzündrate intern auf diese maximale Nachzündrate eingestellt. Die Nullspannungsschalter *B 4204* und *B 4205* haben keine Nachzündautomatik. Bild 4.10 zeigt die über den Steuereingang einstellbare Nachzündrate als Verhältnis von t_{pp} zu t_p. Ein Widerstand R_{5-3} zwischen Betriebsspannung und Steueranschluß beeinflußt die Nachzündrate in weiten Grenzen.

Die maximale Nachzündrate entnimmt dem Schaltkreis einen Strom, der über die Netzversorgung in einer Halbwelle eingespeist werden muß. Die Eigenstromaufnahme der Schaltkreise

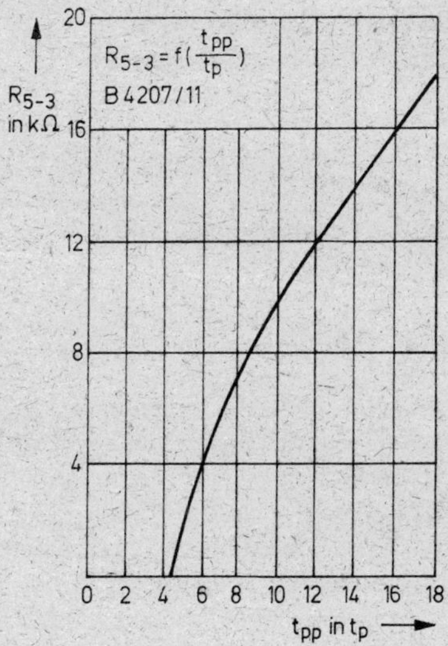

Bild 4.10
Nachzündrate in Abhängigkeit vom Widerstand R_{5-3}

von maximal 3 mA und der mittlere Impulsstrom über 2 Halbwellen müssen geringer als dieser eingespeiste Strom sein, damit die Schaltung im ungünstigen Betriebsfall nicht über die Hysterese der Betriebsspannungsüberwachng abschaltet. Die Dimensionierung der Nachzündrate, der Impulsbreite und des Impulsstroms sollte ein sinnvoller Kompromiß mit der maximalen Verlustleistung der Schaltkreise sein. In diesem Zusammenhang gilt auch, daß für die meisten Triacs Zündimpulsbreiten größer 50 µs keine größere Zündsicherheit bewirken.

5. Spezielle Baugruppen der einzelnen Phasenanschnitt-Steuerschaltkreise

Die nachfolgend verwendeten Bezeichnungen externer Bauelemente beziehen sich auf die jeweiligen Prinzipschaltungen. Für den *B 4207* und den *B 4211* gilt die Schaltung nach Bild 5.1.

5.1. Frequenz-Spannungs-Wandler

Nur die beiden Schaltkreise *B 4207* und *B 4211* haben einen *f/U*-Wandler. Der Eingang des *f/U*-Wandlers (Anschluß *8*) wird mit geringstem Aufwand aus dem von einer Tachospule stammenden drehzahlproportionalen Wechselsignal versorgt. Die Einschaltschwelle liegt bei typisch −92 mV und die Ausschaltschwelle bei −50 mV. Mit einem externen Spannungsteiler ist, wie im Bild 9.11 dargestellt, über eine Vorspannung die Tachoempfindlichkeit beeinflußbar. Mit jeder negativen Halbwelle des Tachosignals wird eine Ladungsmenge am externen Kondensator C_5 des Anschlusses *9* intern verstärkt und am Wandlerausgang (Anschluß *10*), der gleichzeitig invertierender Eingang des Regelverstärkers ist, vom Kondensator C_6 integriert. Dieses Prinzip der Ladungspumpe bewertet damit die Häufigkeit der Ladungen von C_5. Die Kondensatoren C_5 und C_6 sind entsprechend der höchsten vorkommenden Tachofrequenz so zu dimensionieren, daß die maximale Ausgangsspannung $U_{10-16\ \max}$ am Anschluß *10* kleiner 6 V bleibt. Die Tachofrequenz ergibt sich mit:

f = (n/60) p   [in Hz];
n – Drehzahl pro Minute,
p – Impulsdrehzahl pro Umdrehung.

C_5 wird intern über R_i = 5 kΩ entladen. Die Zeitkonstante aus R_i und C_5 sollte für eine gute Linearität des Wandlers deutlich kleiner als die Dauer der negativen Halbwelle der maximalen Tachofrequenz sein (Empfehlung: Faktor 5).

Bild 5.1
Prinzipielle
Beschaltung des *B 4211*

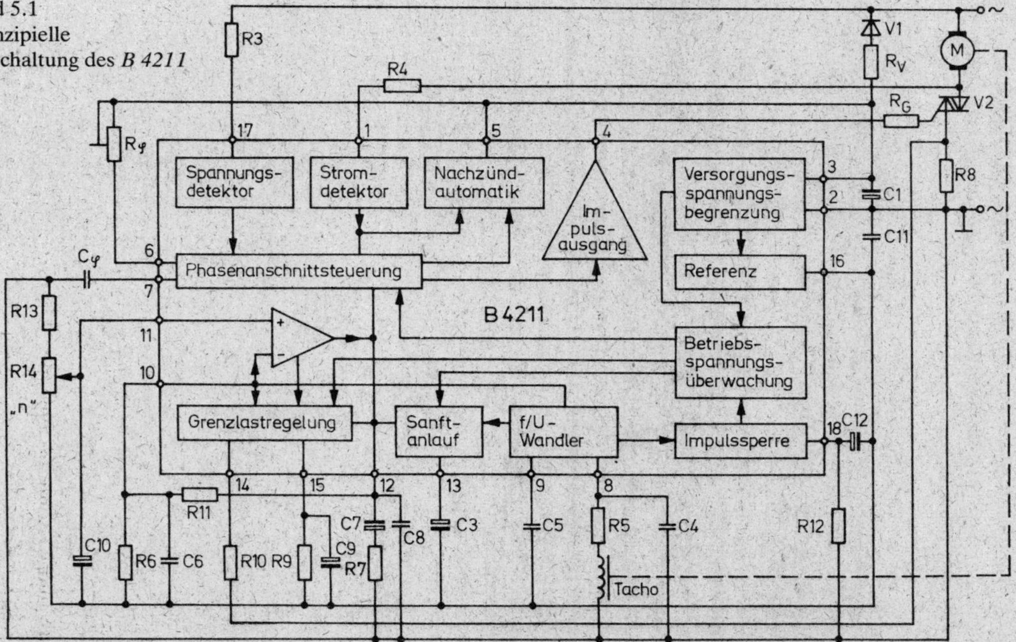

Die Wandlerkonstante K wird von C_5, von dessen Ladespannung $U_{9-16} = 6{,}05$ V, von R_6 am Anschluß *10* und von der internen Umladeverstärkung $A_i = 10{,}13$,

$$K = C_5 \cdot R_6 \cdot 6{,}05\ \text{V} \cdot 10{,}13 \approx R_6 \cdot C_5 \cdot 60\ \text{V},$$

bestimmt.
Die maximale Ausgangsspannung ergibt sich aus:

$$U_{10-16\,\max} = K \cdot f_{\max}.$$

Die Restwelligkeit der Ausgangsspannung am Anschluß *10* ist abhängig von C_5, C_6 und der internen Umladeverstärkung,

$$U_{10-16} = 10{,}13 \cdot 6{,}05 \cdot C_5/C_6.$$

Größere Werte für C_6 wirken der Restwelligkeit entgegen, verringern jedoch die maximale Anstiegsgeschwindigkeit der Ausgangsspannung. Je nach praktischen Anforderungen an die Regelstrecke ist hier zu dimensionieren.
Bild 5.2 zeigt die Linearität für ein praktisch dimensioniertes Beispiel mit:

$$C_5 = 1\ \text{nF}, \quad C_6 = 100\ \text{nF}, \quad R_6 = 100\ \text{k}\Omega.$$

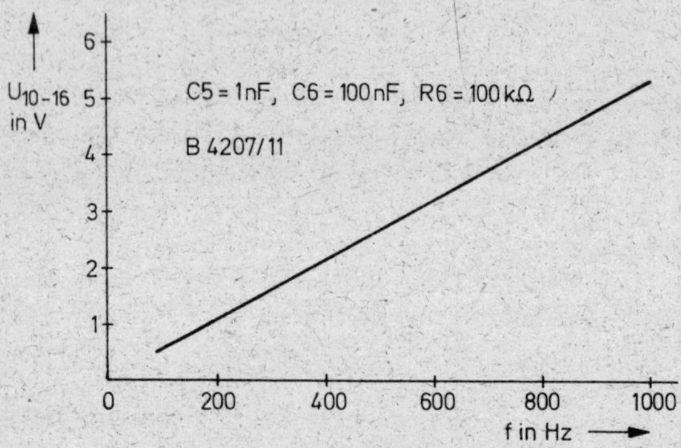

Bild 5.2 Linearität des *f/U*-Wandlers bei angegebener Dimensionierung

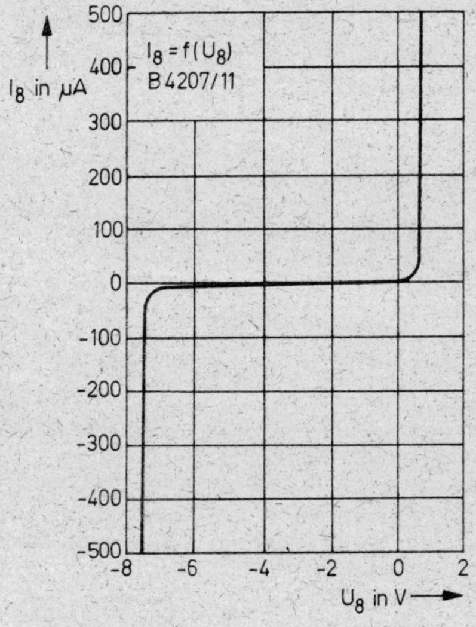

Bild 5.3
Eingangskennlinie des *f/U*-Wandlers

Bild 5.3 stellt die Eingangskennlinie des *f/U*-Wandlers dar. Der praktische Aufbau des Tachogenerators mit Hilfsmitteln eines Amateurs wird in den angegebenen Beispielen erläutert. Der Wandler kann auch mit optischen Koppelelementen betrieben werden. Ungünstig dabei ist die wesentlich größere Stromaufnahme der gesamten Schaltung. Für Handbohrmaschinen scheidet dieses Prinzip allein wegen der Verschmutzungsgefahr der optischen Strecke aus. Für spezielle Schaltungen ist die Netztrennung über optoelektronische Bauelemente aus Sicherheitsgründen sinnvoll.

5.2. Grenzlastregelung des *B 4211*

Mit Grenzlastregelung wird der Motor fast vollständig gegen Überlastung geschützt. Die Funktionsweise der Schaltung berücksichtigt, daß ein Motor bei hoher Drehzahl und damit verbundener besserer Kühlgebläsewirkung eine gewisse Über-

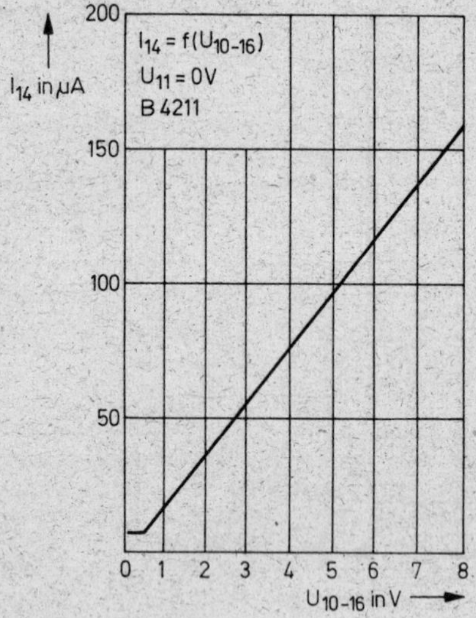

Bild 5.4
Abhängigkeit des über I_{14} zu bewertenden Laststroms von der Drehzahl

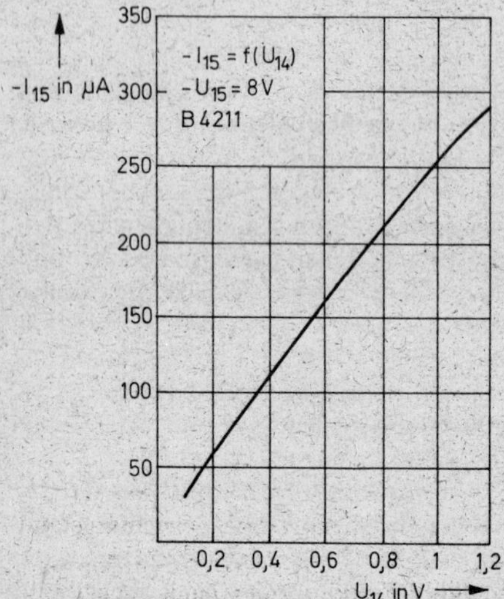

Bild 5.5
Abhängigkeit des Ladestroms für C_9 von der über R_{10} beeinflußten Spannung am Fühlwiderstand

lastung gegenüber dem Betrieb bei kleiner Drehzahl und schlechterem Wirkungsgrad schadlos übersteht. Weiterhin werden kurzzeitige Überlastungen toleriert.

Über den Widerstand R_{10} wertet der Eingang der Grenzlastregelung (Anschluß *14*) den Spannungsabfall jeder positiven Halbwelle des Laststroms, der über dem Fühlwiderstand R_8 anliegt, aus.

Der Kondensator C_9 integriert diese Spannung am Anschluß *15*. Die Drehzahlabhängigkeit der Grenzlastregelung resultiert aus der Berücksichtigung der Spannung am invertierenden Eingang des Regelverstärkers, Anschluß *10*, die den Istwert der Drehzahl darstellt.

Entsprechend Bild 5.4 wird über R_{10} ein drehzahlabhängiger Strom I_{14} eingespeist, der je nach gewählter Größe des Widerstands R_{10} den am Meßwiderstand gemessenen Strom drehzahlabhängig kleiner erscheinen läßt. Überschreitet die auf Referenzspannungsniveau bezogene Spannung am Kondensator C_9 einen Wert von 7,2 V, wird die Grenzlastregelung aktiviert. Eine vom Anschluß *15* gesteuerte Stromsenke belastet den Eingang der Phasenanschnittschaltung am Anschluß *12* und bewirkt ein Absinken der Steuerspannung, damit der Stromflußwinkel Θ verkleinert wird. Daraus resultiert eine Drehzahlabnahme, die bei entsprechend großem Lastmoment zum Stillstand des Motors führt oder über die Abnahme der Spannung an C_9 den Einfluß der Stromsenke auf Anschluß *12* verringert. Das führt wiederum zu einem größeren Stromflußwinkel, und es entsteht ein Gleichgewichtszustand zwischen Laststrom und Stromflußwinkel. Bild 5.5 zeigt die Abhängigkeit $-I_{15} = f\,(U_{14})$ für die Aufladung des Kondensators C_9 von der über R_{10} beeinflußten Spannung am Meßwiderstand. Der Meßwiderstand ist so zu bemessen, daß die Spannung am Anschluß *14* nicht über 600 mV anwächst. Bild 5.6 stellt die Belastung des Anschlusses *12* durch den Strom $+I_{12}$ in Abhängigkeit von der Spannung an C_9 dar.

Zur Aufnahme dieser Abhängigkeit wurde vorher der Grenzlastspeicher gesetzt. Der beschriebene Gleichgewichtszustand kann verlassen werden, wenn das Lastmoment verringert wird. Die Spannung am Anschluß *12* erhöht sich wieder, Leistungs-

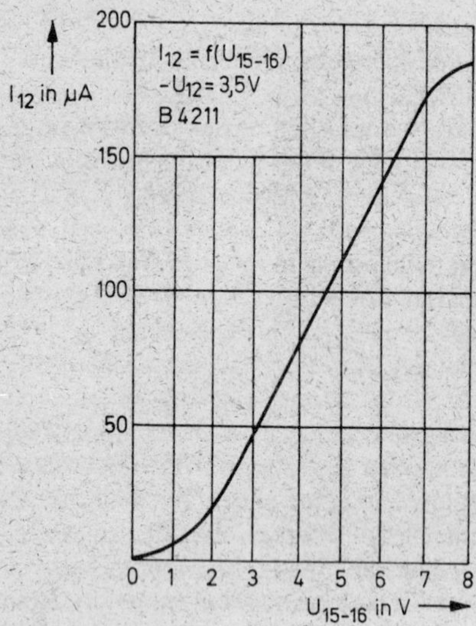

Bild 5.6
Belastung des Eingangs der Phasensteuereinheit am Anschluß *12* durch die Spannung am Anschluß *15* nach Überschreiten der Schaltschwelle für den Grenzlastspeicher

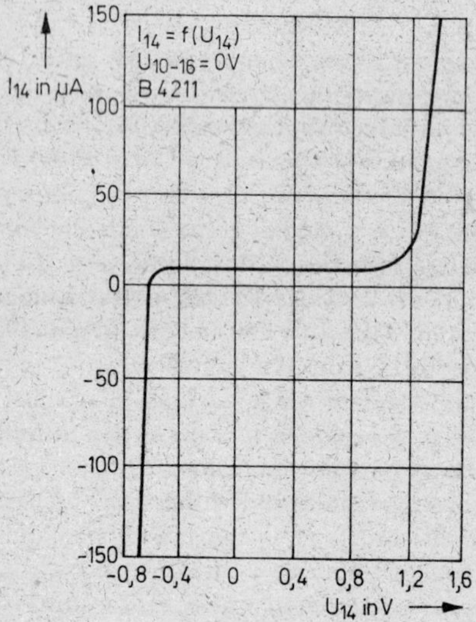

Bild 5.7
Eingangskennlinie der Grenzlastregelung

Tabelle 5.1
Einfluß der Beschaltung auf die Kenngrößen der Grenzlastregelung

Beeinflußte Größen	durch Vergrößerung von: R_{10}	R_9	C_9
P_{max}	wird größer	wird kleiner	kein Einfluß
P_{min}	wird größer	wird kleiner	kein Einfluß
P_{max}/P_{min}	wird größer	kein Einfluß	kein Einfluß
t_A	kein Einfluß	wird kleiner	wird größer
t_E	kein Einfluß	wird größer	wird größer

P_{max} – maximale Daueraufnahmeleistung
P_{min} – Aufnahmeleistung im Stillstand
t_A – Ansprechverzögerung
t_E – Erholzeit

aufnahme und Drehzahl steigen, der Drehzahleinfluß über Anschluß *10* wirkt progressiv bei der Beschleunigung des Motors, die Solldrehzahl wird erreicht, der Grenzlastspeicher rückgesetzt und der Motor ist wieder drehzahlgeregelt und normal belastbar. Zusätzlich kann der Grenzlastspeicher auch von der Betriebsspannungsüberwachung rückgesetzt werden, so daß im Grenzlastfall kurzzeitiges Betätigen des Netzschalters den Motor über Sanftanlauf erneut startet. Eine vom Autor erprobte Grenzlastregelung überzeugte in ihrer Wirkung, da unbewußt, selbst bei 600-W-Maschinen, und durch verschiedene Zusatzgeräte, die zulässige Leistungsgrenze überschritten wurde. Bild 5.7 zeigt die Eingangskennlinie der Grenzlastregelung mit Bezug auf Anschluß *2*, da dieser der Massepunkt des Fühlwiderstands ist. Tabelle 5.1 gibt zusammenfassend an, wie der gesamte Komplex der Grenzlastregelung beeinflußbar ist.

5.3. Momentenregelung des *B 4207*

Der *B 4207* verfügt anstelle der Grenzlastregelung des *B 4211* über eine Momentenregelung. Wie aus der bisherigen Beschreibung der Baugruppen hervorgeht, ist der *B 4207* bis auf diese Eigenschaft völlig anschluß- und datenkompatibel zum *B 4211*. Werden Grenzlast- oder Momentenregelung nicht benutzt, ist es gleichgültig, welcher der beiden Schaltkreise eingesetzt wird. Die Drehmomentenregelung gestattet es, zusätzlich zur Drehzahl das maximale Moment vorzuwählen. Bei sinnvollen, kleinen Drehzahlen kann eine Handbohrmaschine damit z. B. als Schraubendreher arbeiten.
Bild 5.8 zeigt die gegenüber dem *B 4211* geänderte Beschaltung zur Momentenregelung des *B 4207*. Nur die Beschaltung der Anschlüsse *14* und *15* ist abweichend von der Schaltung nach Bild 5.1.
Über einen Regelwiderstand zur Einstellung des Moments wird die dem Moment proportionale Spannung am Fühlwiderstand R_8 gemessen. Der Eingang der Momentenregelung am An-

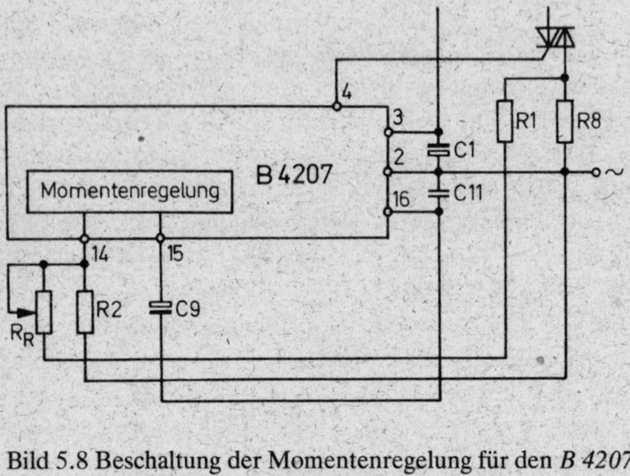

Bild 5.8 Beschaltung der Momentenregelung für den *B 4207*
Die prinzipielle Beschaltung des *B 4207* entspricht bis auf den dargestellten Auszug dem Bild 5.1

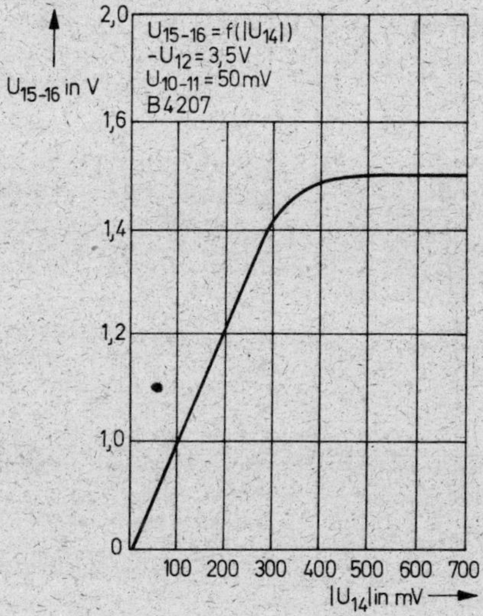

Bild 5.9
Abhängigkeit der Spannung U_{15-16} von der Eingangsspannung U_{14}

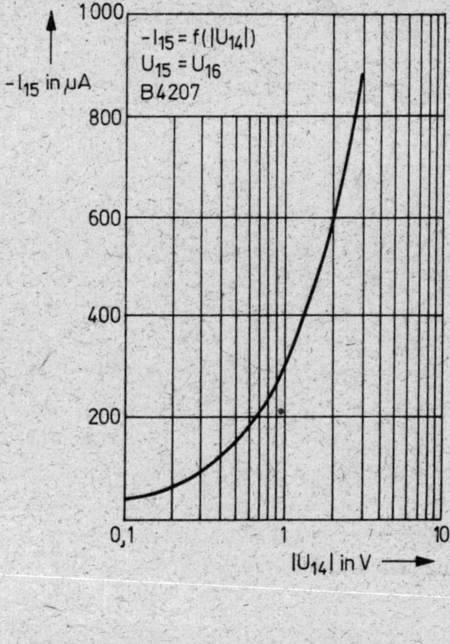

Bild 5.10
Abhängigkeit des Stroms I_{15} von der Eingangsspannung U_{14}

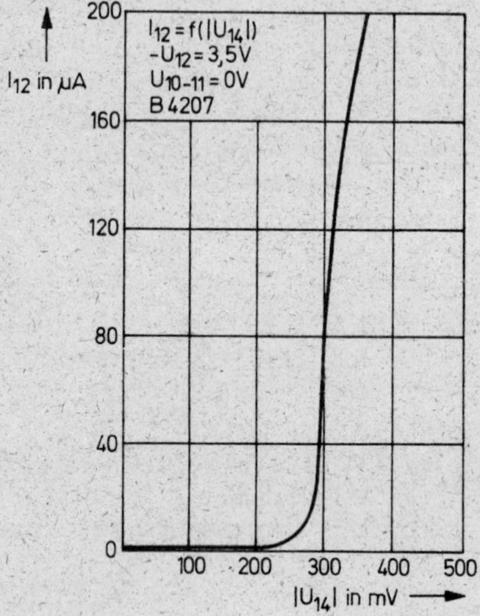

Bild 5.11
Änderung des Stromflußwinkels nach Erreichen der Schaltschwelle

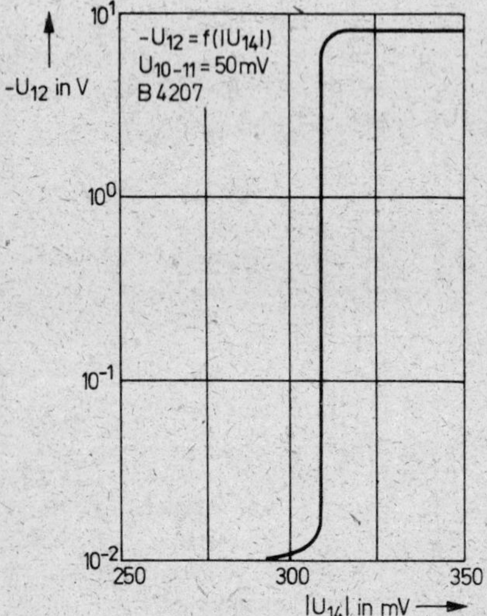

Bild 5.12
Steuerspannungsverlauf am Anschluß *12* im Momenteinsatz

schluß *14* wertet im Gegensatz zum Eingang der Grenzlastregelung beide Halbwellen aus. Die Integration des aktuellen Moments geschieht am Anschluß *15*.

Die Bilder 5.9 und 5.10 zeigen die entsprechenden Abhängigkeiten. Die Eingangsspannung ist als effektive Spannung aufzufassen. Beim Erreichen der Schaltschwelle wird über Anschluß *12* ähnlich der Grenzlastregelung der Stromflußwinkel verkleinert. Bild 5.11 zeigt diese Abhängigkeit.

Die Spannung am Anschluß *12* ändert sich damit bei etwa 300 mV am Anschluß *14* entsprechend Bild 5.12.

Der Laststrom wird über die Verringerung des Stromflußwinkels entsprechend den sehr steilen Kurven abrupt verkleinert. Es stellt sich ein Gleichgewichtszustand ein, der unabhängig von der Drehzahl unter Vernachlässigung des Motorwirkungsgrads das Moment kennzeichnet.

6. Übersichtsschaltbild des *B 4206* mit Beschreibung der Außenbeschaltung

Bild 6.1 ist die allgemeine Einsatzschaltung mit den für die folgende Beschreibung gültigen Bezeichnungen.
Da diese Schaltung aus Erfahrung noch einige Fragen offenläßt, zeigt Bild 6.2 einen Schaltungsauszug, der die äußere Beschaltung des Regelverstärkers zur Drehzahlvorgabe sowie die Beeinflussung des positiven Eingangs des Regelverstärkers am Anschluß *14* über das Lastmoment und die Möglichkeit der Einstellung eines maximalen Moments zwischen Anschluß *8* und Anschluß *9* über Veränderung der Referenzspannung für den Differenzverstärker verdeutlicht. Der Regelverstärker ist der gleiche wie beim *B 4207* und *B 4211*. Er kann, wie schon beschrieben, bis ±120 μA am Ausgang aufbringen. Der maximale Strom in V1 des Differenzverstärkers beträgt 200 μA.
Bild 6.3 zeigt die Spannung U_{14-15} an C_9 als Funktion der Spannung über dem Fühlwiderstand. Die Spannung am Fühlwiderstand R_8 ist so zu wählen, daß bei maximalem Stromflußwinkel nicht mehr als 300 mV (effektiv) am Anschluß *13* anliegen. U_{13} = 300 mV entspricht der jeweiligen Vollast.
Der Stromflußwinkel hat mit U_{14-15} = 1500 mV sein Maximum bei der entsprechenden Vollast. Bei U_{14-15} = 800 mV ist der Stromflußwinkel Null.
Die Aufsteuerung von V1 zeigt Bild 6.4. Die Differenzspannung U_{8-14} steuert den Strom von V1 entsprechend der Kennlinie. Mit einem nichtlinearen Regler zwischen Anschluß *8* und *9* kann der Einstellbereich der Drehmomentbegrenzung für geringe Leistung günstig beeinflußt werden.
Bild 6.5 zeigt die Abhängigkeit $I_{11} = f(U_{8-15})$ zur Wirkung der Momentenregelung.
Die Auswertung des Laststroms von beiden Halbwellen über dem Fühlwiderstand R_8 führt in der Momentbegrenzung zu einer Gleichkomponente des Laststroms. Das hat folgende Ursachen: Die Schaltung reagiert auf Laständerungen entsprechend schnell,

Bild 6.1
Prinzipielle
Beschaltung
des *B 4206*

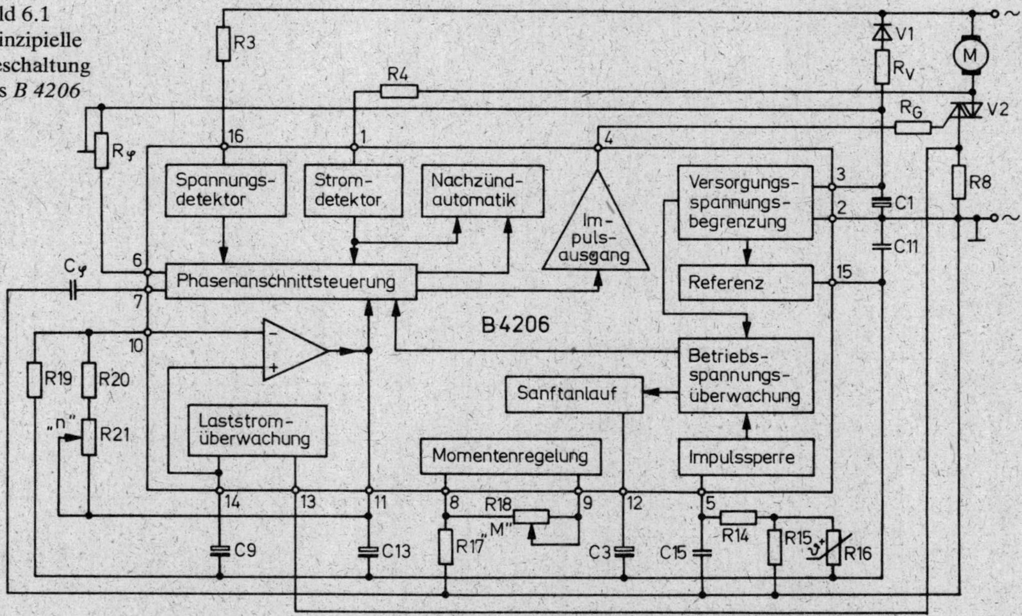

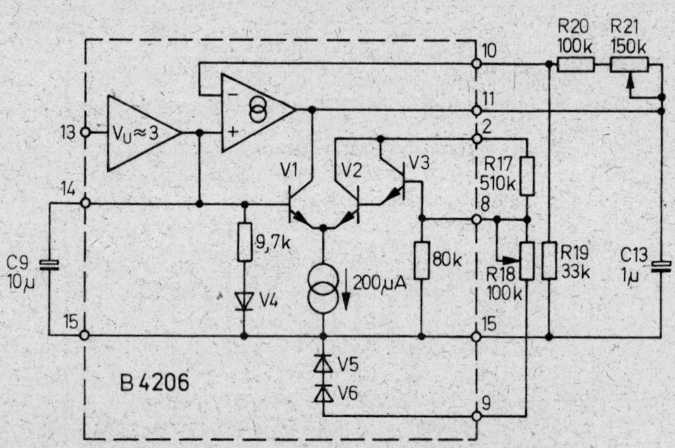

Bild 6.2 Schaltungsauszug des *B 4206*

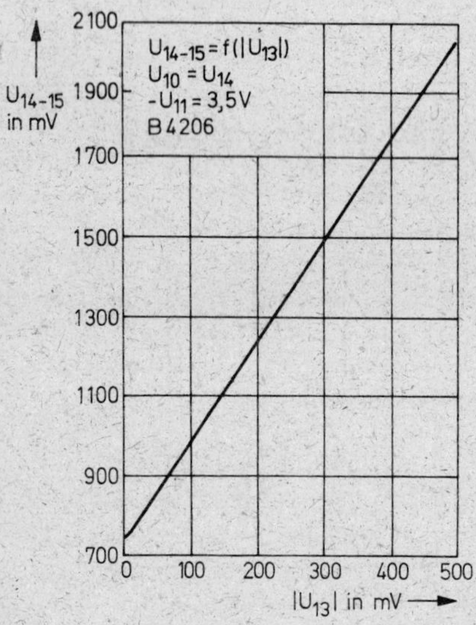

Bild 6.3
Abhängigkeit des Stromflußwinkels von der Eingangsspannung

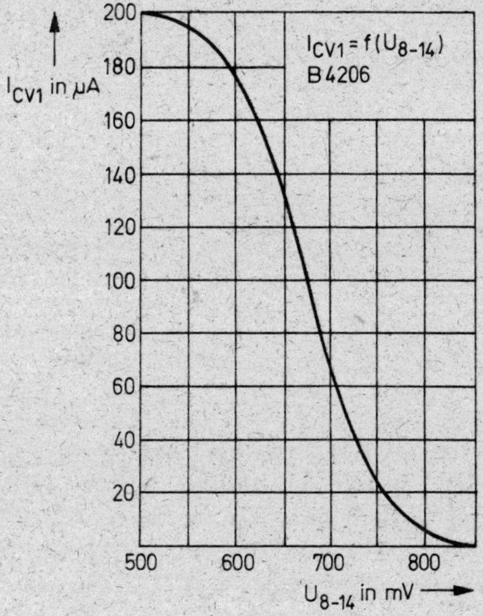

Bild 6.4
Aufsteuerung des Transistors V_1 über die Differenzspannung U_{8-14}

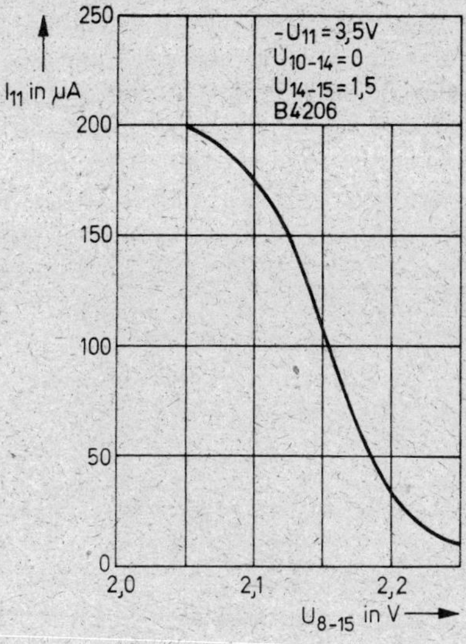

Bild 6.5
Abhängigkeit des Stroms I_{11} von der Spannung U_{8-15}

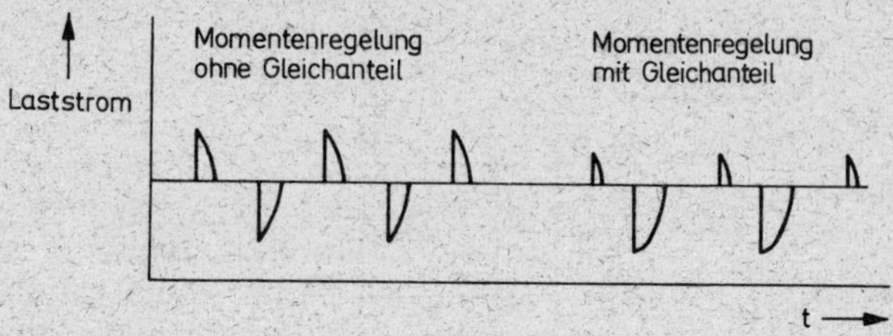

Bild 6.6 Möglicher Gleichanteil der geregelten Spannung im Momenteinsatz

hat aber als Kriterium für die Bewertung nur den Effektivwert am Anschluß *14*. Es bleibt der Regelschaltung der Freiheitsgrad offen, wie dieser Effektivwert aussieht. Wird z. B. eine Halbwelle vom Laststrom stark belastet, so verkleinert sich bei konstantem Effektivwert die andere Halbwelle. Das führt zum Gleichanteil nach Bild 6.6. Die Ursache liegt nicht in einer Unsymmetrie des Differenzverstärkers zwischen Anschluß *13* und *14*, sondern in der geringen Reaktionszeit der Schaltung, wie sie zur schnellen Abregelung beim Erreichen des Moments erwünscht ist. C_{13} am Anschluß *11* sorgt für die Unterdrückung dieses Effekts. Die Spannungen am Anschluß *11* sind −5,8 V für einen Stromflußwinkel von 0° und −0,5 V für 180° Stromflußwinkel.

7. Nullspannungsschalter *B 4204* und *B 4205*

Die Baugruppen der Nullspannungsschalter wurden im Kapitel 4.1. beschrieben. Beide Typen haben ein 8poliges Gehäuse. Der Unterschied zwischen den Schaltkreisen besteht in der Herausführung des Regelverstärkerausgangs für den *B 4204* unter Verzicht auf die Referenzspannung des *B 4205*. Die Bilder 7.1 und 7.2 zeigen die Übersichtsschaltbilder der beiden Schaltkreise mit den entsprechenden Anschlußbelegungen. Die Modifizierung beider Schaltkreise zielt auf verschiedene Anwendungsgebiete. Der *B 4204* läßt sich sehr kostengünstig für Temperatursteuerungen verwenden.
Mit nur wenigen externen Bauelementen ist sein Regelverstärker als Rechteckgenerator mit variablem Tastverhältnis nutzbar. Hierzu ist in den Schaltbeispielen ein entsprechender Aufbau angegeben. Für Regelaufgaben läßt sich der *B 4205* vorteilhaft einsetzen. Die Referenzspannung speist dabei eine Brücken-

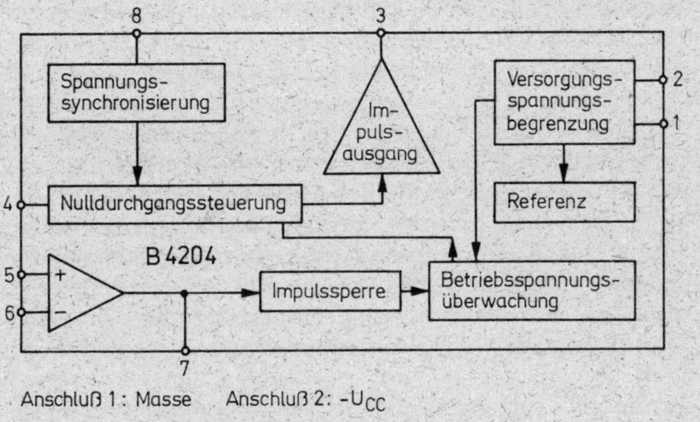

Bild 7.1 Übersichtsschaltbild des *B 4204*

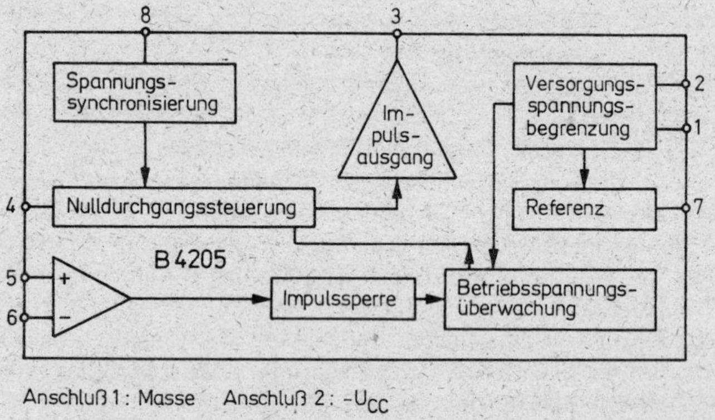

Bild 7.2 Übersichtsschaltbild des *B 4205*

schaltung, in der die Istgröße über temperaturabhängige Widerstände mit der Sollgröße verglichen wird. Der interne Regelverstärker reagiert mit einer Empfindlichkeit <10 mV auf diesen Vergleich. Ein zusätzlicher Schaltkreis, wie der *B 511* im Brückenzweig, erhöht die Genauigkeit von Temperaturregelungen mit wenig Aufwand. Mit einem zusätzlichen Operationsverstärker sind vielfältige weitere Steuer- und Regelprobleme lösbar. Dieser Operationsverstärker läßt sich leicht aus der Referenzspannung oder der vorstabilisierten Betriebsspannung am Anschluß *2* speisen. Ein Low-Power-BiFET-Operationsverstärker *B 061* hat einen Gleichtaktbereich zwischen $-U_{CC} + 2{,}5$ V und $+U_{CC} - 0{,}5$ V. Bei Betrieb an der Referenzspannung bedeutet das einen sicheren Steuerbereich zwischen −6 und −0,5 V. Da die Operationsverstärker eine hohe Betriebsspannungsunterdrückung haben, ist die vorstabilisierte Betriebsspannung zu ihrer Versorgung ausreichend. Ihr Gleichtaktbereich vergrößert sich dann entsprechend (s. hierzu Beispiel 11.4).

Für die Nullspannungsschalter beträgt der Grenzwert der Stromaufnahme 2 mA. Das ermöglicht die Versorgung über einen

Vorwiderstand von 27 kΩ. Die Verlustleistung unterschreitet damit 1 W, und es kann gegenüber den Phasenanschnitt-Steuerschaltkreisen eine kleinere Bauform dieses Widerstands gewählt werden.

Beispiel:

Mit 27 kΩ wird ein Strom von ≈ 3,8 mA eingespeist. Ein Strom von 1,8 mA ist ausreichend, da es keine Nachzündimpulse gibt, für Zündimpulse mit 150 mA bei 50 µs Dauer und einer Belastung der Referenz mit 1 mA. Für einen Vorwiderstand von 24 kΩ ergibt sich im ungünstigsten Fall mit folgender Näherung:

$$I_{\text{eff}} \approx 0{,}5 \cdot \frac{U_{\text{Nmax}} - U_{\text{CCbegr. min.}} - U_{\text{FI Diode}}}{R_{\text{V}}}$$

$$= \frac{242 - 15{,}35 - 0{,}7}{24\,000} = 4{,}71\,\text{mA},$$

die in den Schaltkreis eingespeist werden. Die maximale Verlustleistung bei Überspannung von 10 % ergibt sich zu 1,06 W, so daß bei vernünftiger Dimensionierung ebenfalls noch ein 1-W-Vorwiderstand verwendet werden kann. Diese Betrachtungsweise gilt analog für die Phasenanschnitt-Steuerschaltkreise. Wegen der hohen Empfindlichkeit des Regelverstärkers sind seine Eingänge abzublocken. In den meisten Fällen hat die dabei entstehende Zeitkonstante keine Bedeutung gegen Zeitabläufe im zu regelnden System. Nicht abgeblockte Eingänge werden von einer Brummspannung in der Nähe des Schaltpunkts moduliert. Der Nullspannungsschalter könnte dann, da er keine Vollwellenlogik besitzt, im Halbwellenbetrieb arbeiten. Eine Zeitkonstante, die über mehrere Netzperioden integriert, verringert den Netzrippel auf Werte innerhalb der resultierenden Schalthysterese. Bild 7.3 stellt das Schalten des Regelverstärkers bei zu großer Brummspannung dar. Die Brummspannung verursacht jedoch nur dann Halbwellenbetrieb, wenn sie noch vor dem Zeitpunkt der Erzeugung des Zündimpulses mit ihrem Istwert größer als die Differenz aus Regelverstärkereingangsspannung und entsprechender Schaltschwelle ist. Die vergrößerten Ausschnitte A und B zeigen, daß der Punkt P_1 nahe

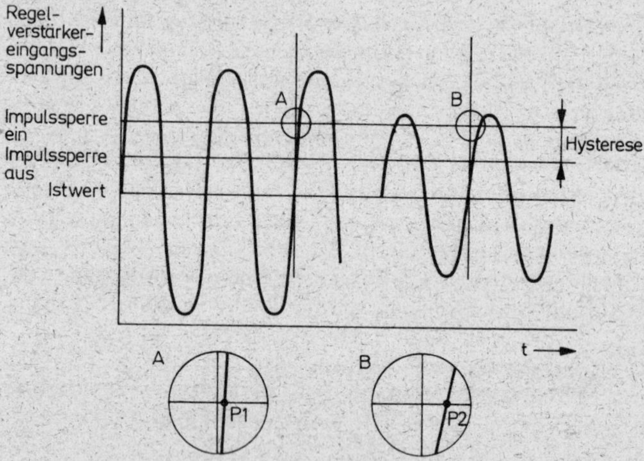

Bild 7.3 Einfluß der Brummspannung auf das Schaltverhalten des Regelverstärkers

am Nulldurchgang liegt und noch vor dem Zeitpunkt für den Zündimpuls die Impulssperre freigibt. Der Punkt P_2 liegt entfernter und gibt die Impulssperre erst frei, wenn der Zeitpunkt für den Zündimpuls vorbei ist.

Netzbrummen tritt verstärkt auf, wenn das auf Schaltungsmasse bezogene Potential z.B. durch einen Netzstecker auf die Phase des Versorgungsnetzes gelegt wird, das Gehäuse jedoch über einen Schutzkontakt auf Nullpotential liegt. Die Eingänge müssen so abgeblockt sein, daß ein Umpolen des Netzsteckers ohne Wirkung bleibt. Bei kleinen Lastströmen kann das Prinzip des Nullspannungsschalters wegen zu geringen Haltestroms für den Triac zu Problemen führen.

Der Rampenkondensator $C\varphi$ wird über ein intern festgelegtes $R\varphi$ geladen. $C\varphi$ bestimmt, wie in 4.1.7. beschrieben, die Zündimpulsbreite mit $\approx$ 6 µs pro nF und über seine Aufladezeit auch den Abstand vom exakten Nulldurchgang. Der Spannungsdetektor ist über die Größe des Synchronisierwiderstands in seiner Empfindlichkeit beeinflußbar. Ein kleinerer Synchronisierwiderstand vergrößert seine Empfindlichkeit. Der Nulldurchgangsimpuls wird dann im engeren Bereich um den Nulldurchgang erzeugt und der Ausgangsimpuls entsprechend eher am Triac angelegt. Wenn der Triac nicht sicher zündet, sollte zuerst der Synchronisierwiderstand vergrößert werden, da eine Zeitverzögerung über Vergrößerung von $C\varphi$ auch die Zündimpulsbreite ändert.

Bild 7.4 zeigt den Phasenanschnitt im Bereich des Nulldurchgangs. Mit praktischen Werten für U_Z von etwa 10 V können schon relativ geringe Leistungen mit den zur Verfügung stehenden Triacs gesteuert werden. Der Schaltungsaufbau sollte hier entsprechend der Steuerleistung praktisch erprobt werden. Das bei niedrigen Temperaturen schlechtere Zündverhalten von Triacs ist dabei für einige Einsatzfälle sicher zu beachten.

Bild 7.4 zeigt auch, daß die Schaltkreise *B 4204* und *B 4205* nach exakter Definition keine echten Nullspannungsschalter sind, da erst nach Freigabe des Spannungsdetektors beim Verlassen des Nulldurchgangs der Zündimpuls erzeugt wird. Der Vorteil dieses Prinzips ist die verlustarme Ansteuerung des Triacs, weil der Zündimpuls entsprechend dem Laststrom in den Bereich des

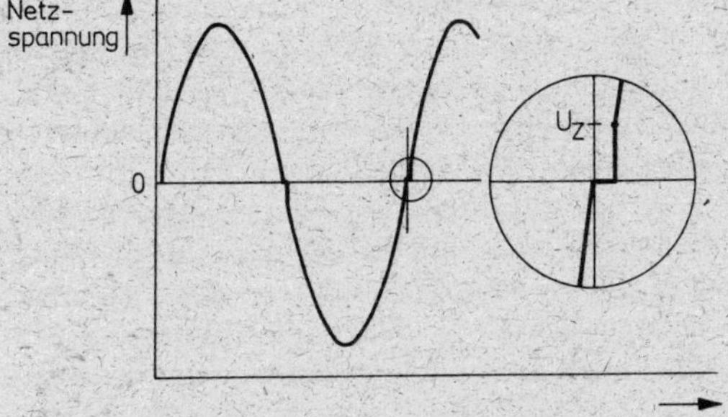

Bild 7.4 Darstellung des Phasenanschnitts in der Nähe des Nulldurchgangs

sicheren Einraststroms gelegt wird. Der so erzeugte Phasenanschnitt hat trotz kleiner Werte von nur 5 bis 10 V für U_Z Nachteile. Es entsteht ein Störspektrum, das je nach Anforderung an den Störgrad zu beseitigen ist. Bei üblichen Nullspannungsschaltkreisen wird der Zündimpuls bereits vor dem Nulldurchgang, noch im Bereich des Haltestroms der vorhergehenden Halbwelle gesetzt. Dieses Prinzip ist frei von Störungen und vermeidet Rückwirkungen auf das Netz. Der geringe Phasenanschnitt der Schaltkreise *B 4204* und *B 4205* erzeugt bei größeren Lasten Rückwirkungen auf das Netz. Das kann sich ungünstig auf die Zündimpulserzeugung auswirken. Ein zu früh gesetzter und zu schmal gewählter Zündimpuls schaltet den Triac nur kurzzeitig durch, da noch kein Einraststrom erreicht wird.

Entsprechend der Empfindlichkeit des Triacs bei Ansteuerung mit Impulsen nur einer Polarität geschieht das in jeder 2. Halbwelle. Der Zündimpuls sollte für einen minimalen Phasenanschnitt so nahe am Nulldurchgang liegen, daß er mit noch ausreichender Zündimpulsbreite im Bereich des zugehörigen Einraststroms beider Halbwellen liegt. Auf folgenden Funktionsmechanismus soll zur größeren Handhabungssicherheit der Nullspannungsschalter hingewiesen werden. Mit Anwachsen der Spannung am Anschluß *8* wird die Schaltschwelle für die Beendigung des Nulldurchgangsimpulses durchfahren. Der Rampenkondensator $C\varphi$ wird ein erstes Mal bis zum Beginn des Zündimpulses geladen, danach sehr schnell entladen und ein zweites Mal über die damit festgelegte Dauer des Zündimpulses geladen, um diesen nach dem Ende dieser zweiten Aufladung abzubrechen. Mit Beginn des Zündimpulses schaltet der Triac die Last, und diese belastet die Netzspannung. Die Netzspannung darf in diesem Moment nur um einen kleineren Betrag zusammenbrechen als der, um den sie während der ersten Aufladezeit von $C\varphi$ angewachsen ist. Wird diese Bedingung z. B. durch große geschaltete Lastströme verletzt, erkennt der Spannungsdetektor am Anschluß *8* erneut einen Nulldurchgang, setzt das interne Taktregime zurück und beendet den Zündimpuls. Der Triac wird dadurch mit einem undefiniert breiten Zündimpuls angesteuert und kann wieder verlöschen. Der erneut erkannte Nulldurchgang bewirkt einen 2. Zündimpuls. Dieser Vorgang wiederholt sich, bis der Triac über den anwachsenden Einraststrom mit Beginn eines Zündimpulses einrastet oder die Netzspannung so weit angewachsen ist, daß der Spannungseinbruch keinen Nulldurchgang mehr bewirkt. Ein vergrößertes $C\varphi$ macht die Schaltung gegenüber diesem Verhalten der Nullspannungsschalter unempfindlich und vergrößert somit die Zeitspanne für das Anwachsen der Netzspannung. Wirkungsvoller kann der Spannungseinbruch durch einen Kondensator C_8 am Anschluß *8* verringert werden. Handhabbare Werte für C_8 liegen in der Größenordnung zwischen 100 und 500 pF (je nach der Größe von R_8 und dem Netzspannungseinbruch).

8. Hinweise zur Fehlersuche in nicht-funktionierenden Schaltungen

Vielen Amateuren stehen ganz sicher nur wenige Meßgeräte zur Verfügung. Ein Oszillograf erleichtert die Fehlersuche und besonders die Beurteilung des vorhandenen Phasenanschnitts, der Regelreserven usw. Es ist aber auch möglich, mit entsprechender Logik und einfachen Spannungsmessungen einer fehlerhaften Schaltung zur gewünschten Funktion zu verhelfen. Nachfolgend sind häufige Fehlerursachen aufgeführt, nach denen die Schaltung überprüft werden muß.

8.1. Keine Funktion der Schaltung – kein Laststrom

- Der Triac muß mit Anode A_1, auf Schaltkreismasse bezogen, angeschlossen bzw. montiert sein. A_1 und A_2 sind vertauscht.
- Die Diode für die Spannungsversorgung (mindestens 400-V-Typ) des Schaltkreises ist falsch gepolt.
- Es liegt keine oder eine zu geringe Spannung am Anschluß für U_{CC} an. Diese Spannung muß $-15{,}5$ V, mindestens jedoch -12 V, betragen. Bei zu kleiner Spannung ist entsprechend der Stromentnahme ein zu großer Vorwiderstand gewählt, oder es liegt fehlerhafte Belastung vor. Stellen sich nach dem Auftrennen der Leitbahn am Referenzspannungsanschluß die Referenzspannung von etwa -9 V und die Betriebsspannung von etwa $-15{,}5$ V ein, war die Referenz zu stark belastet.
- U_{CC} liegt bei sehr niedrigen Spannungswerten.
  Ist U_{CC} auch dann niedrig, wenn nur Masse und U_{CC} angeschlossen sind, so ist der Schaltkreis defekt. Die Ursache ist eventuell im defekten Triac zu suchen.
- Um einen nicht steuerbaren Triac zu erkennen, kann in die Gate-Leitung eine Leuchtdiode geschaltet werden. Das Vorhandensein von Zündimpulsen ist damit einfach zu kontrollieren.

Selbst der maximale Impulsstrom von 150 mA bewirkt bei der kurzen Impulslänge keine Überlastung üblicher Leuchtdioden. Besonders eignen sich leuchtstarke Dioden mit kleinem Öffnungswinkel und klarer Gehäuseeinfärbung (*VQA 16, VQA 26, VQA 36, VQA 46*). Mit solch einer Diode erhält man z.B. eine billige Anzeige für den Regelzustand einer Heizungsregelung mit Nullspannungsschalter.

8.2. Keine Zündimpulse – Betriebsspannung und Referenzspannung liegen an

- Zündstrom ist zu gering. Gate-Vorwiderstand defekt oder zu groß. Überprüfung durch Brücken des Vorwiderstands.
- Impulssperre ist wirksam. Brücken der Impulssperre auf Referenzspannung.
- Kondensator $C\varphi$ überprüfen. Wickelkondensatoren zerstören sich oftmals beim Einlöten mit kurzen Anschlüssen.
- $R\varphi$ ist hochohmig oder defekt.
- Synchronisierwiderstände sind nicht angeschlossen oder zu niederohmig und Sychroneingänge damit zerstört.

8.3. Zündimpulse liegen an – Schaltung läßt sich nicht steuern

- Am Anschluß für die Phasenanschnittsteuerung (Anschluß *12* bzw. *11*) Steuerspannung zwischen −0,5 und −6 V anlegen (Spannungsteiler zwischen Referenzspannung und Masse). Der Stromflußwinkel muß sich von 180 ° bis 0° steuern lassen.
- $R\varphi$ zu 0 Ω hin ändern oder Brücke zwischen U_{CC} und dem Anschluß für $R\varphi$ legen. Der Stromflußwinkel muß 180° erreichen.

  Wenn die Änderung von $R\varphi$ nichts bewirkt, $C\varphi$ gewechselt wurde und die Impulssperre auf Referenzniveau liegt, ist der Schaltkreis defekt.

– $R\varphi$ bewirkt Änderung des Stromflußwinkels, die Steuerspannung am Eingang der Phasenanschnittsteuerung jedoch nicht. Der Stromdetektor ist nicht oder falsch beschaltet. Der Schaltkreis ist durch zerstörten Stromdetektor unbrauchbar.
– Schaltung läßt sich nicht über Regelverstärker steuern, Überprüfung des Regelverstärkers als Spannungsfolger. Wenn die Möglichkeit besteht, ist der Ausgang des Regelverstärkers mit dem invertierenden Eingang zu brücken. Eine Steuerspannung zwischen 0 V und −6 V am positiven Eingang muß den Stromflußwinkel zwischen 180° und 0° ändern.

8.4. Schaltung mit Tacho regelt nicht

Tacho überprüfen. Mechanische Abstände zur Erregung der Tachospule sind zu groß. Streufelder des Mot rs beein lussen die Tachospule bei größerer Last.
Tachospule defekt. Beschaltung des *f/U*-Wandlers kontrollieren.

8.5. Allgemeiner Hinweis zur Funktionsüberprüfung

Eine aufgebaute Schaltung läßt sich leicht mit einer angeschlossenen Glühlampe testen. In groben Grenzen ist damit bei einiger Übung der Phasenanschnitt abschätzbar. Eine Schaltung mit dem *B 4206* muß z.B. bei Parallelschaltung einer zusätzlichen Last diese Glühlampe heller aufleuchten lassen. Ebenso lassen sich durch das Zuschalten entsprechend großer Lasten die Funktion der Grenzlastregelung und die Drehmomentenbegrenzung einfach überprüfen.

8.6. Spezielle Fehlerbilder

- Nur eine Halbwelle des Laststroms wird geschaltet. Die Last ist zu gering. Zur Bestätigung Nachzündimpulse durch Brücke aktivieren. Für Nullspannungsschalter siehe Abschnitt 7.
- Schaltung schwingt – Drehzahl regelt im Leerlauf auf und ab. Beim *B 4206* ist Fühlwiderstand zu groß. Die Referenzspannung ist nicht abgeblockt. Es liegt ein ungünstiger Schaltungsaufbau vor. Laststrom durchfließt den Massepunkt von $C\varphi$. Der Bezugspunkt von $C\varphi$ liegt weit entfernt vom Massepunkt des Schaltkreises. Die Betriebsspannungsüberwachung schaltet periodisch durch zu großen Vorwiderstand zur Stromversorgung des Schaltkreises.
- Fehlerhafter Sanftanlauf. Sanftanlaufkondensator im Wert ändern oder bei falscher Polarität umpolen. Wenn der Sanftanlauf beim *B 4207* oder *B 4211* nicht in 2 Phasen arbeitet (nur langsamer Hochlauf), ist der Schaltkreis defekt.
- Triac zerstört sich nach kurzer Zeit. TSE-Beschaltung überprüfen oder vorsehen. Triac mit höherer Spannung auswählen. 600 bis 800 V sind bei induktiven Lasten im Einphasennetz nicht zu hoch gewählt. Triac mit Varistor schützen.
  Varistoren sind Bauelemente, die derzeitig eine der größten Steigerungsraten im Einsatz elektronischer Bauelemente haben. Sie können hohe Stoßenergie sicher abfangen und sind dadurch ein einfacher und unproblematischer Schutz gegen Spannungsspitzen. Es ist zu überprüfen, ob der Triac eine ausreichende Kühlfläche besitzt, um die entstehende Verlustwärme abführen zu können.
- Als letztes noch der Hinweis, daß die aufgebaute Schaltung vor Inbetriebnahme gründlich kontrolliert werden muß. Oftmals gestattet ein (nachträglich festgestellter) ganz offenkundiger Fehler nach Anlegen der Netzspannung keinen zweiten Versuch.

9. Schaltbeispiele zur Steuerung von Motoren

Alle Schaltbeispiele wurden praktisch erprobt und mehrfach nachgebaut. Trotzdem wird nur für ein Beispiel der komplette Unterlagensatz angegeben. Dafür gibt es folgende Gründe:

- Der Einbau der Schaltungen in fertige Geräte, besonders Handbohrmaschinen, bereitet mechanische Probleme. Oft sind die Maschinen über viele Herstellungsjahre hinweg in mechanischen Kleinigkeiten geändert. Die Platine muß an die vorhandene Maschine angepaßt werden. Eine hier nur angedeutete Bauanleitung würde über diese Probleme hinwegtäuschen.
- Der Platzmangel zwingt dazu, beim Nachbau gleichartige Bauelemente zu verwenden. Oftmals verfügt der Amateur über andere brauchbare Bauelemente, die bei eigener Konstruktion besser zu nutzen sind. Darum sind Fotos gezeigt, die als Anregung für eine Konstruktion dienen sollen.

9.1. Laststromgeführte Regelung für Haushaltsküchenmaschine

In vielen Haushalten verrichtet die Küchenmaschine *Berlinett* ihre Arbeit. Sie ist mit einer elektronischen Drehzahlstellung ausgerüstet. Die Drehzahl läßt sich stufenlos um den Faktor 2 von 1300 auf 2600 min^{-1} einstellen. Bei der Drehzahl von 1300 min^{-1} ist noch eine Leistung bis 200 W nutzbar. Aber schon eine, durch Toleranz bedingte, nur geringfügig kleinere Drehzahl läßt den Motor beim Kneten von Teig stehenbleiben. Nun soll dazu die höhere Geschwindigkeit der Stufe 4 gewählt werden, aber wer liest so gründlich die Bedienanleitung. Es bleibt nur ein richtiger Schluß. Die Maschine muß in jedem Drehzahlbereich genügend Kraftreserven haben, um Fehlbedienung auszuschließen. Der beschriebene Umbau ist so ausgelegt, daß

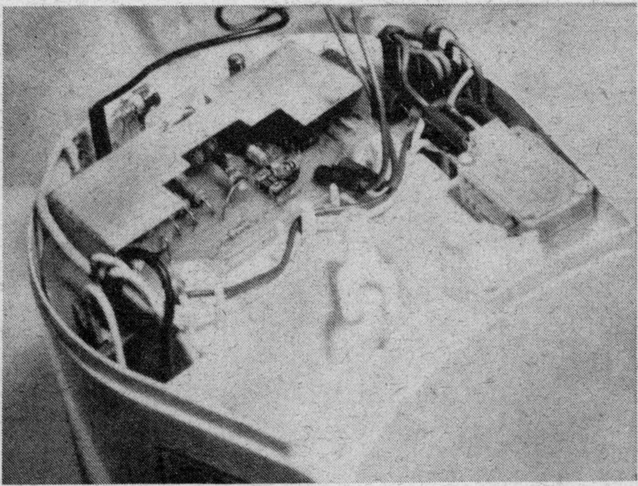

Bild 9.1 Eingebaute Platine mit *B 4206* in der Küchenmaschine *Berlinett*

die vorhandenen elektronischen Bauelemente der Steuerschaltung genutzt werden. Die Platine wird über Steckverbinder ohne mechanische Arbeiten an der Küchenmaschine getauscht. Alle auf der Originalplatine angegebenen Anschlußnummern *1* bis *8* sind in die Schaltung übernommen. Das Vertauschen der Kabel ist dadurch ausgeschlossen. Bild 9.1 zeigt den Einbau der Platine in die Küchenmaschine. Zur größeren Sicherheit sind die durch Betätigung des Drehzahlknopfes bewegten Anschlußkabel *2* und *4* auf der Platine eingelötet. Die Potentiometeranschlüsse sind zu tauschen, damit Stufe 10 weiterhin die maximale Drehzahl bleibt. Die Anschlußkabel können auch wie im Bild 9.1 über abgewinkelte Steckkontakte befestigt werden.
In Bild 3.3 ist der Vergleich zwischen Drehzahlstellung und Regelung gezeigt. Dieses Diagramm wurde mit der Küchenmaschine auf dem Prüfstand ermittelt. Es stellt überzeugend die Vorteile der dem Motor angepaßten, stromgeführten Rege-

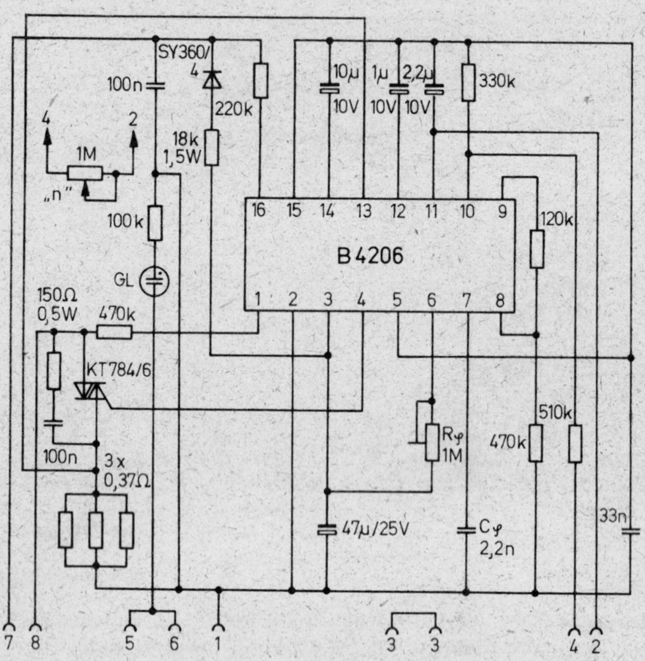

Bild 9.2 Schaltung zur Vergrößerung der Kraftreserven mit *B 4206*

lung dar. Die Schaltung (Bild 9.2) hat mit dem Einstellregler *R*φ = 1 MΩ einen Abgleichpunkt, der die minimale Drehzahl festlegt. Sie sollte nicht unter 300 min^{-1} betragen. Bild 9.3 zeigt den Platinenentwurf, der geeignet ist, die vorhandenen Bauelemente einschließlich Triac und Kühlblech wieder zu verwenden. Der Anschluß *5* des *B 4206* ist nicht beschaltet, da die vorhandene Übertemperatursicherung mit Anzeige der Funktion über die Glimmlampe wieder genutzt wird. Den Bestückungsplan gibt Bild 9.4 an. Für den Fühlwiderstand sind 3 Bestückungsplätze vorgesehen. Der Wert von etwa 0,13 Ω

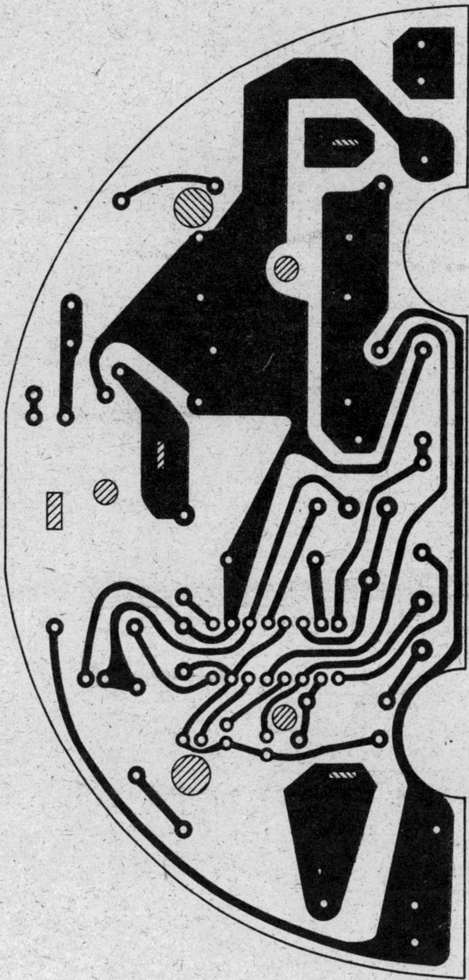

Bild 9.3 Platinenvorlage zur Schaltung nach Bild 9.2

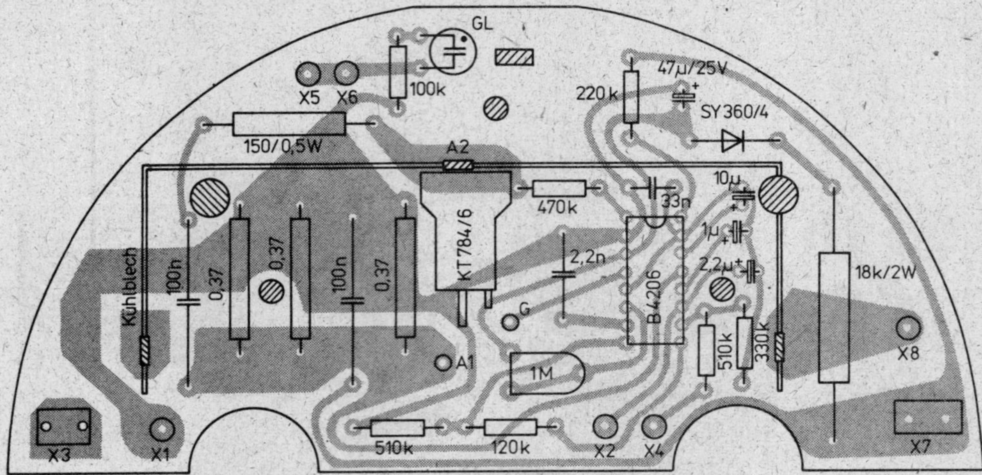

Bild 9.4 Bestückungsplan zur Platinenvorlage nach Bild 9.3

kann z.B. aus 2 × 0,26 Ω oder 3 × 0,37 Ω zusammengesetzt werden. Die Strombegrenzung an den Anschlüssen *8* und *9* ist trotz vorhandener Motorschutzschaltung bestückt. Der Laststrom begrenzt mit den festgelegten Werten bei 3 A. Wird die Strombegrenzung nicht benutzt, entfällt der Widerstand zwischen Anschluß *8* und *9*. Unabhängig davon, ob dieses Beispiel nachgenutzt wird, gilt der prinzipielle Aufbau der Platine. Die Trennung der Massepotentiale für die Schaltungsteile mit Laststrom und für den übrigen Teil der Schaltung ist gut zu erkennen (Abschnürung der Massefläche).

9.2 Universelles Vorschaltgerät

Bild 9.5 zeigt die praktische Ausführung universeller Vorschaltgeräte in industriellen Geräten. Je nach vorhandenem Gehäuse ergibt sich die Platinengestaltung. Darum wird nur das Schalt-

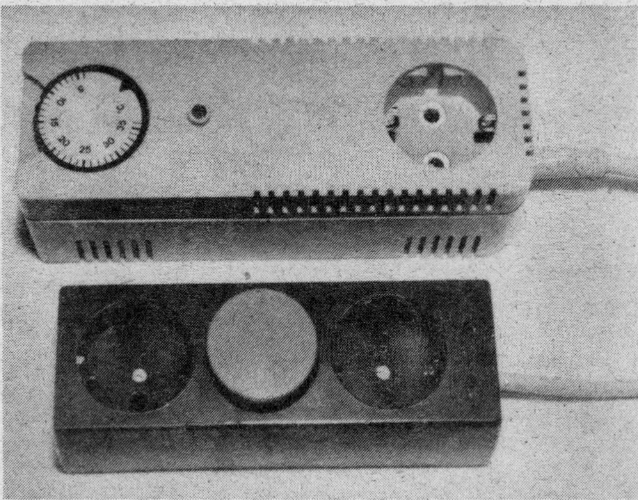

Bild 9.5 Universelle Vorschaltgeräte

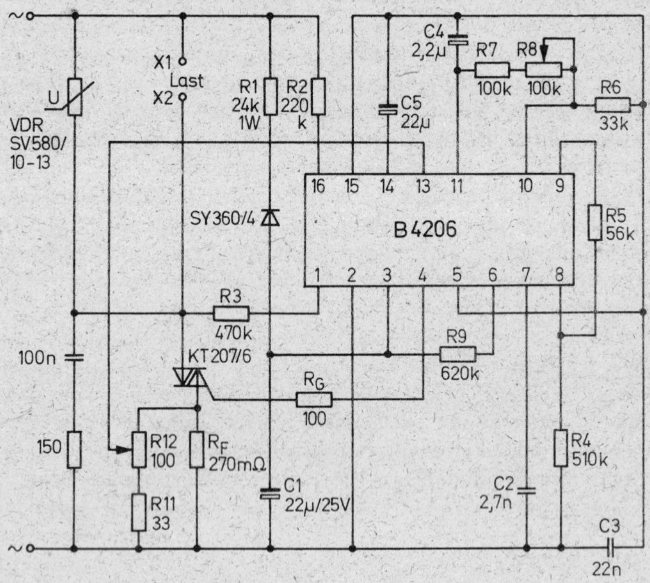

Bild 9.6 Schaltung eines universellen Vorschaltgerätes

bild mit Bild 9.6 gezeigt. Die Außenbeschaltung ist minimal und kann natürlich in Details geändert werden. Als Triac ist der Typ *KT 207/6* vorgegeben. Der Begrenzungseinsatz des maximalen Drehmoments wirkt als Stromsicherung bis maximal 4 A. Der Triac ist sicher geschützt, wenn für diesen Strom eine ausreichende Kühlfläche montiert wird. Der Varistor über den Anschlußklemmen X_1 und X_2 schützt die Schaltung gegen induktive Rückwirkungen, die beim Abschalten von Verbrauchern entstehen können.

Über den Gate-Vorwiderstand von 100 Ω wird für den *KT 207* genügend Strom eingespeist. Der minimale Stromflußwinkel ist mit R_9 = 620 kΩ festgelegt. Dieser Wert kann geändert werden. Gleiches gilt für den Bereich der Verstärkungseinstellung und des Steuerspannungsbereiches vom Regelverstärker mit R_6 und R_7. Der Anschluß *12* ist unbeschaltet, da der Sanftanlauf nur wirkt, wenn das Vorschaltgerät in Betrieb genommen wird. Das entspricht jedoch nicht dem Gebrauch des Geräts. Der Fühlwiderstand R_F ist mit R_{11} und R_{12} gebrückt. Da mit R_4 und R_5 das maximale, von der Spannung über R_F abhängige Moment festliegt, ändert sich der über R_{12} einstellbare Bereich zwischen 1 und 4 A Laststrom. R_{12} ist entsprechend Bild 9.5 mit einem Schraubendreher einstellbar. Je nach gewähltem Triac kann der maximale Laststrom durch Variation von R_5 geändert werden. Der Einsatzpunkt der Strombegrenzung liegt bei etwa 300 mV am Anschluß *13* und ist im Abschnitt 6. beschrieben. Parallel zum größeren, möglichen Laststrom wird der Spannungsabgriff über R_{12} geringer, so daß bei resultierend kleinerem R_F für Anschluß *13* größere Motoren mit größeren Strömen betrieben werden können. Die Anpassung an einen bestimmten Motor muß entsprechend dem Drehzahlbereich experimentell erprobt werden. Der Drehzahlbereich ist groß gewählt, wodurch eine konstante, lastabhängige Drehzahl nicht über den gesamten Stellbereich erreicht wird. Die Schaltung ist natürlich auch zur Steuerung von Heizungen, Lichtquellen und ähnlichen Verbrauchern, nicht aber für Geräte mit Transformatoren oder Vorschaltdrosseln geeignet. Auf die Möglichkeiten zur Entstörung wird nicht eingegangen, da diese Entstörungsmaßnahmen vom maximalen Laststrom, den vorhandenen Bauelementen (möglichst Ringkerndrossel) und den Anforderungen an den Störgrad abhängen. Das gilt generell für alle angegebenen Beispiele.

9.3. Drehzahlregelung für den Einbau in Handbohrmaschinen

Das Bild 9.7 zeigt die Bohrmaschine *HBM 250* mit eingebauter, laststromgeführter Regelung. Die in der Maschine vorhandene Überstromsicherung ist entfernt. Ihre Funktion übernimmt ein temperaturabhängiger Widerstand zusammen mit der Impulssperre als Schutz gegen die für den Motor schädliche, zu hohe

Bild 9.7 Laststromgeführte Regelung in der Bohrmaschine *HBM 250*

Wicklungstemperatur. Diesen Widerstand gibt es als *TPM 70, TPM 80, TPM 90* usw. mit wärmebeständiger Isolation zum Einbau in die Wicklung des Motors. Er ändert bei der angegebenen Temperatur seinen Widerstand verstärkt zu höheren Werten. Der so gewonnene Platz reicht für die Schaltung und den im Bild hochgebogenen Entstörkondensator. Im Bild 9.8 ist die zugehörige Schaltung angegeben. Die Geschwindigkeit wird über entsprechende Brücken im Widerstandsnetzwerk mit einem Schalter in 4 Stufen geregelt, wobei eine Stufe die maximale Drehzahl ohne Regelreserve ist. Für diese Drehzahl brückt der Schalter S_1 mit seiner 2. Ebene den Widerstand $R\varphi$ und setzt damit auch die Strombegrenzung außer Kraft. Die Strombegrenzung muß besonders bei kleinen Bohrmaschinen etwa der doppelten bis dreifachen Nennlast entsprechen, damit die Bohrmaschine kurzzeitig überlastet werden kann und kein gewohnter Gebrauchswert verlorengeht. Mit einem 2. Potentio-

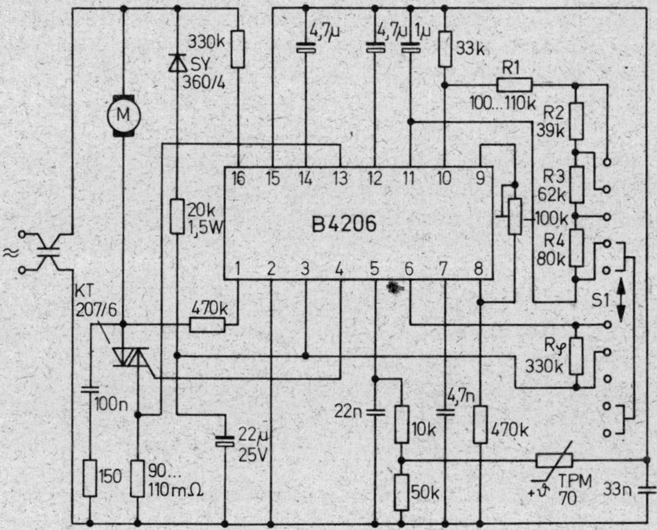

Bild 9.8 Schaltung für die laststromgeführte Regelung

meter kann leicht aus der Strombegrenzung ein Drehmomentenregler gebaut werden. Im Beispiel ist nur die Geschwindigkeit in den einzelnen Schaltstufen jeweils um den Faktor 2 gegeneinander abgeregelt. Eine Variation der Teilerwiderstände R_1 bis R_4 ergibt andere Drehzahlabstufungen. Der Stromfühlwiderstand liegt je nach Motormodell zwischen 90 und 110 mΩ. Er darf nicht zu groß sein, sonst neigt die Maschine im Leerlauf zu Regelschwingungen. Der Triac ist ohne Kühlblech fest auf die Platine geschraubt, weil er im Luftstrom des Gebläses sitzt und die Maschinenleistung gering ist. Der Drehzahlschalter ist im vorhandenen vierkantigen Ausschnitt angeordnet. Eine kleine Blende verdeckt diese ehemalige Form. Für den Schalter kann, mechanisch sicher viel einfacher zu handhaben, ein Potentiometer eingesetzt werden. Das Prinzip des Schalters für 4 feste

Drehzahlen ist jedoch in vielen Fällen praktisch ausreichend. Hierzu ein zweites Beispiel. Die Bohrmaschine *SBM 480/4* verfügt über 2 mechanische Gänge und zusätzlich über einen Schalter, der eine vorgeschaltete Diode brückt und damit Vollwellen- oder Halbwellenbetrieb ermöglicht. Wenn dieser Schalter auf eine niedrige, mit dem *B 4206* geregelte Drehzahl umschaltet, reicht diese 2., wirklich langsame, aber kraftvolle Drehzahl gegenüber dem Halbwellenbetrieb mit den zusätzlichen 2 mechanischen Gängen für den Hausgebrauch aus. Die Bohrmaschine bearbeitete mit langsamer Drehzahl z.B. Hartholz mit einer Lochkreissäge ohne Brennstellen und leistete auch nach dem Umbau extrem viel als Schlagbohrmaschine ohne Beanstandung. Selbst hierbei wirkt sich der Sanftanlauf positiv aus. Der Bohrer gelangt exakt an der beabsichtigten Stelle in den Beton.
Bild 9.9 zeigt den Aufbau einer Platine in dieser Maschine.

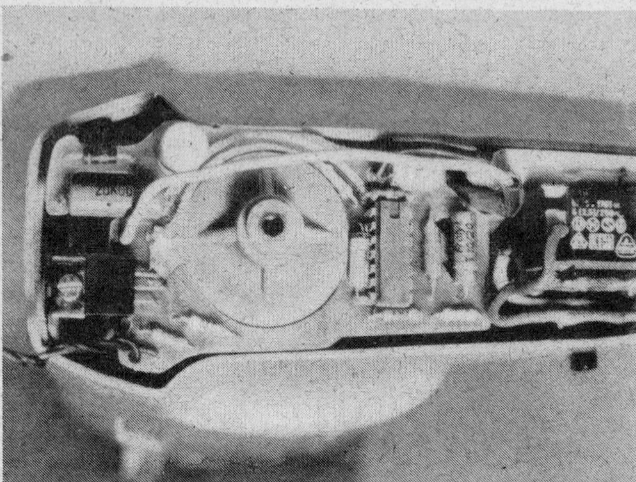

Bild 9.9 Laststromgeführte Regelung in der Bohrmaschine *SBM 480/4*

Triac und Vorwiderstand sind vom Luftstrom ausreichend gekühlt. Der obere Teil der Platine mit Triac ist so geformt, daß der Luftstrom vorbei- und hindurchgleiten kann. Im Bereich der schmalen Stege ist die Platine doppelseitig mit Leitbahnen belegt. Die Platine liegt auf dem Quersteg zur Lagerhaltung im Gehäuse bis zum Rand hin auf. Die Griffschale ist nur dort um die Platinenstärke am inneren Rand ausgespart und fixiert die Platine zusammen mit dem Lagerausschnitt über diese Auflagefläche ausreichend. Erst wenn die Platine mechanisch an das Gehäuse angepaßt ist, empfiehlt es sich, die Leitbahnen zu zeichnen, damit an den schmalen Stellen um das Motorlager herum der maximale Platz genutzt wird. Zum Schutz der Schaltung gegen Umwelteinflüsse kann sie nach einer Erprobungszeit z.B. mit SYS-Klarlack überzogen werden. Dieser harzartige Lack fixiert die Bauelemente zusätzlich und schützt gegen Staub und damit verbundene parasitäre hochohmige Verbindungen bei hoher Luftfeuchte. Der im Foto gezeigte Aufbau arbeitet jedoch schon einige Jahre ohne Schutzlack zufriedenstellend. Der eingesetzte Schaltkreis ist bedingt durch diese große Zeitspanne kein *B 4206*, was am dargestellten Prinzip der Platinengestaltung nichts ändert.

9.4. Beispiel für eine tachogeführte Regelung mit verschiedenen Ausbaustufen

Bild 9.10 zeigt die vollständige Beschaltung des *B 4211* mit Grenzlastregelung. Die Schaltung ist auch für den *B 4207* tauglich, wenn die Grenzlastregelung nicht genutzt werden soll. Es entfallen dann der Fühlwiderstand von 3 × 0,1 Ω, der Vorwiderstand von 1 kΩ an Anschluß *14* und die Beschaltung des Anschlusses *15*. Ohne Tachoüberwachung entfällt noch die Beschaltung des Anschlusses *18*. Dieser wird zusammen mit Anschluß *15* auf die Referenzspannung am Anschluß *16* gelegt. Anschluß *14* liegt auf Massepotential. Die so vereinfachte Schaltung mit insgesamt 25 externen Bauelementen ist ausreichend für den Umbau einer Bohrmaschine oder für die Regelung eines

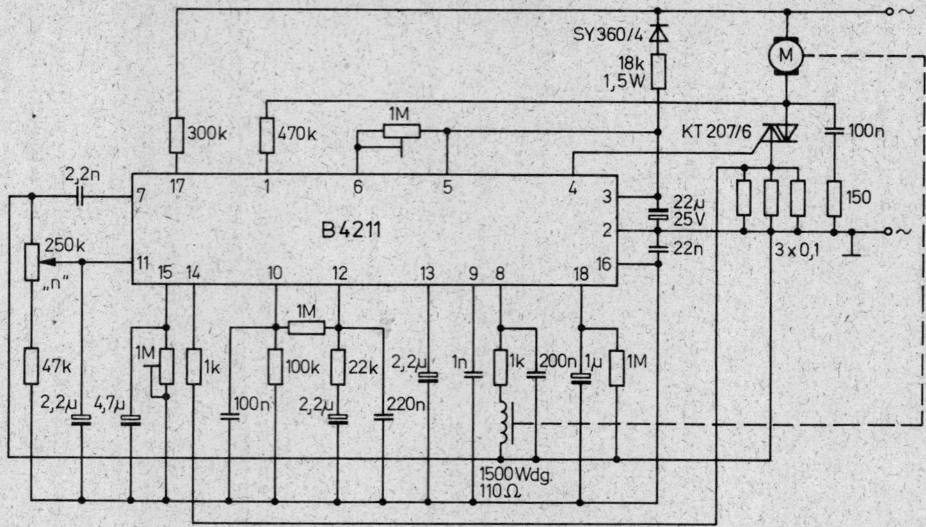

Bild 9.10 Vollständige tachogeführte Regelung mit *B 4211*

Universalmotors. Es gibt hier keine gefährlich hohe Leerlaufdrehzahl, und eine Motorüberlastung wird meist über die vorhandene Überstromsicherung ausgeschlossen. Darum entfallen die genannten Funktionen. Der Tachogenerator ist oft das unlösbare Problem, das vom Einsatz der Schaltkreise *B 4207* und *B 4211* abhält. Darum folgendes Beispiel zum Selbstbau einer einfachen und sehr empfindlichen Variante. Bei vielen Motoren ist es möglich, den Tacho hinter dem kollektorseitigen Motorlager anzubauen. Dazu wird zuerst der Anker ausgebaut und auf einer Drehbank kollektorseitig mit Innengewinde versehen. Eventuell muß die Stirnfläche plangedreht werden. Der Tacho besteht aus einer Aluminiumscheibe von etwa 18 bis 20 mm Durchmesser und 4 mm Stärke. In den meisten Fällen kann die Tachoscheibe beidseitig plan sein, da die Motorachse durch das Lager hindurchreicht. In die Scheibe werden außer dem mittleren Befestigungsloch 4 Löcher gebohrt, in die mit wechselnder magnetischer Ausrichtung z.B. Magnete aus 2 defekten *Hall*-Tasten einzupressen sind. Die Tachospule ist aus 0,05 mm dickem Draht mit 1000 bis 2000 Windungen auf einen kleinen Spulenkörper zu wickeln. Der Spulenkörper wird auf den Schenkel eines hufeisenförmig gebogenen Weicheisens mit dem Polabstand zweier benachbarter Magneten des Tachos gesteckt. Daher muß die Spule eine möglichst schlanke Form haben. Die Befestigung der Tachospule erfolgt so, daß ein Luftspalt von 1 bis 2 mm zwischen Tacho und Spule bleibt, damit für defekte Lager ein gewisses axiales Spiel abgefangen wird. Wenn genügend Platz vorhanden ist, kann die Spule auf der Platine mit der gesamten Schaltung zusammen angeordnet und diese komplette Einheit passend montiert werden. Eine zweite, von der Außenbeschaltung her aufwendigere Schaltung für Motoren um 600 W zeigt Bild 9.11. Sie nutzt alle Eigenschaften des *B 4207* und würde einem fertigen Gerät zu folgenden Gebrauchswerten im Prospekt verhelfen:

- elektronisch programmierter Sanftanlauf zum punktgenauen Anbohren mit Ankörndrehzahl,
- Drehzahlregelung mit Vorwahl der maximalen Drehzahl,
- Momentenregelung mit Vorwahl des maximalen Moments,

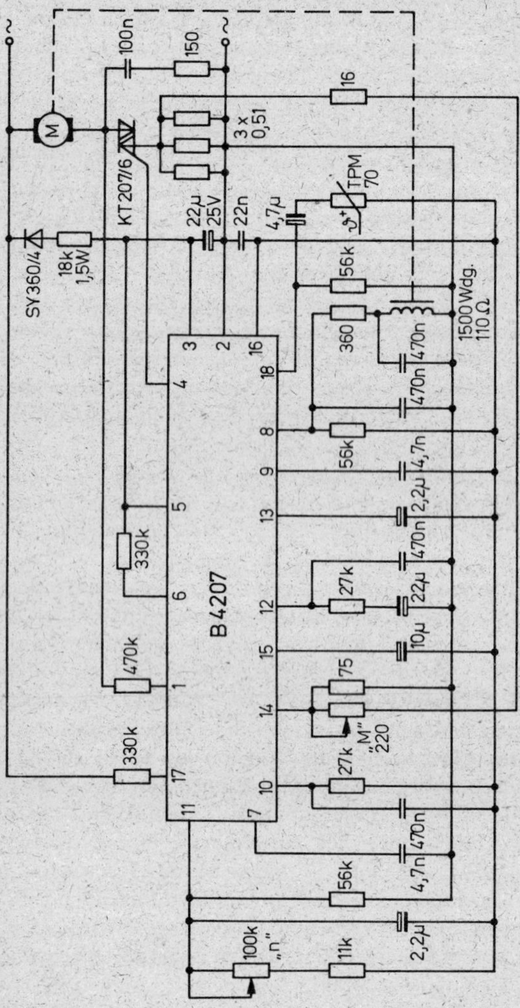

Bild 9.11 Tachogeführte Regelung mit *B 4207*

– Tachoüberwachung und Temperaturschutz mit Endabschaltung zum Schutz der Maschine und zur erhöhten Handhabungssicherheit.

Die Schaltung ermöglicht eine stattliche Anzahl wirklicher Gebrauchswerte gegenüber einer Bohrmaschine ohne Elektronik. Zur Dimensionierung gilt folgendes:

Die Tachoempfindlichkeit wird mit dem Spannungsteiler 56 kΩ, 360 Ω und 110 Ω Spulenwiderstand um −74 mV in den mittleren Bereich der typischen Hysterese zwischen −50 und −92 mV geschoben. Am Anschluß *18* ist die Tachoüberwachung über den Widerstand *TPM 70* mit einem Temperaturschutz kombiniert. Die Spannung am Anschluß *18* verschiebt sich bei Temperaturen über 70 °C am Fühlwiderstand trotz impulsmäßiger Entladung des 4,7-µF-Kondensators über den internen 2-kΩ-Widerstand zum Schaltpunkt in Richtung Massepotential. Der dem Moment proportionale Spannungsabfall am Lastfühlwiderstand mit 3 × 0,51 Ω wird über die den Stellbereich einengenden Widerstände von 15 Ω und 75 Ω mit einem 220-Ω-Regler am Anschluß *14* angelegt. Der Operationsverstärker hat keinen Rückführwiderstand, wie er in Bild 9.10 mit 1 MΩ angegeben ist. Eine Anpassung des Drehzahlstellbereichs kann gegebenenfalls mit geringfügiger Änderung des 27-kΩ-Widerstands am Anschluß *10* erfolgen. Die Drehzahl wird über den Spannungsteiler mit 56 kΩ, 11 kΩ und 100 kΩ eingestellt. Die Beschaltung am Anschluß *12* bestimmt den Frequenzgang des Regelverstärkers. Die Werte für $R\varphi$ und $C\varphi$ wurden in beiden Beispielen variiert, um zu zeigen, daß die Schaltung viele Freiheitsgrade hat und nicht exakt nachgebaut werden muß; zumal sie den Anforderungen an das Regelverhalten mit Motor, gewünschtem Drehzahlbereich, Zeitdauer für den Sanftanlauf usw. anzupassen ist.

9.5. Ruckfreier Anlauf eines Motors mit Hilfsphase

Prinzipiell ist der Phasenanschnitt nicht geeignet, einen Drehstrommotor zu regeln. Trotzdem ist mit dem Phasenanschnitt eine Art Sanftanlauf möglich. Das folgende Beispiel gilt für

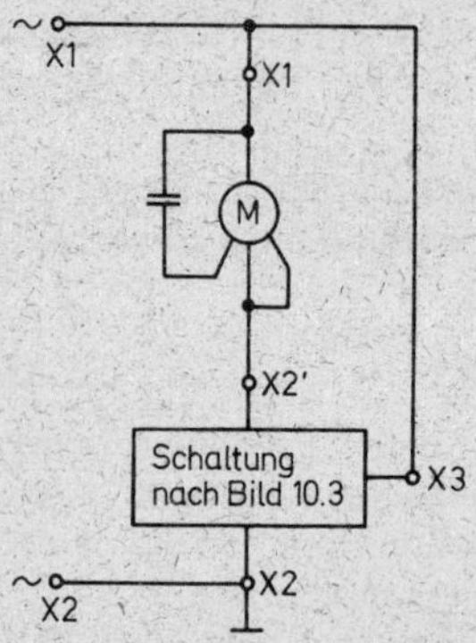

Bild 9.12
Schaltung für Sanftanlauf eines Motors mit Hilfsphase

Motoren, die mit Hilfsphase arbeiten. Der Motor wird nur in der kurzen Anlaufphase mit stetig zunehmendem Stromflußwinkel betrieben. Entsprechend seiner Motorkennlinie fängt er erst sehr spät an zu drehen. Mit einem Sanftanlaufkondensator von 5 bis 10 μF läuft er dennoch recht sanft an. Nach der kurzen Zeit des Sanftanlaufs läuft der Motor ohne Phasenanschnitt, d. h. mit einem Steuerwinkel nahe an 180°. Bild 9.12 zeigt, an welchen Klemmpunkten die Schaltung in einer Waschmaschine angeschlossen wird. Die Klemmstelle $X_2 - X_2'$ wird aufgetrennt (Steckkontakte des Motors auf Kontaktleiste) und die Schaltung eingefügt. Die Nachzündautomatik muß aktiviert werden, da die induktiven und kapazitiven Komponenten von Motor und Hilfskondensator auf den Triac rückwirken. Das angegebene Prinzip funktioniert über Jahre in der Trommelwaschmaschine. Der durch immer größeres Lagerspiel zwischen Trommel und Antrieb lauter werdende Ruck beim Ändern der Drehrichtung gehört der Vergangenheit an. Die Maschine wandert nicht mehr hin und her, das Getriebe des Motors wird geschont, und der sonst übliche Gummiabrieb vom Keilriemen fehlt.
Bild 9.13 zeigt eine über Kfz-Steckkontakte einzufügende Platine von 3,5 cm × 6 cm, die ähnlich der Platine nach Bild 10.4 aufgebaut ist. Der vorhandene Einsteller für den Phasenanschnitt

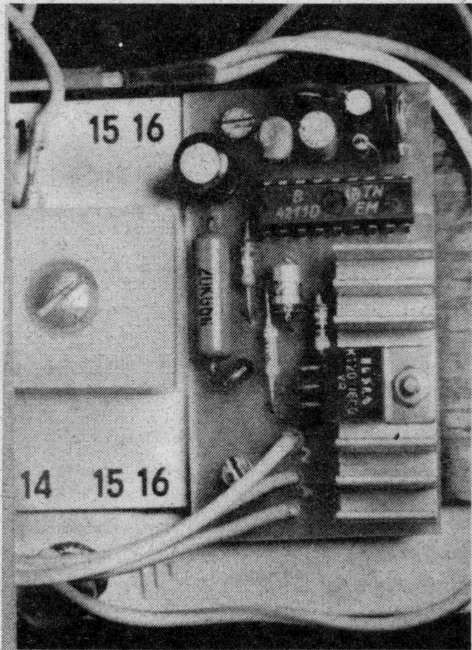

Bild 9.13
Platinenaufbau
für Sanftanlauf
nach Bild 9.12

ist auf maximalen Stromflußwinkel gestellt. Eine Brücke zwischen Anschluß *11* und Masse kann für diesen speziellen Einsatzfall den Regler, wie in Bild 10.3 angegeben, ersetzen. Die Schaltung ist für erste Versuche mit den Schaltkreisen geeignet. Der Aufwand ist gegenüber dem Nutzen gering.

10. Schaltbeispiele für Lichtsteuerungen

Der Phasenanschnitt ist für jede Art der Steuerung von Glühlampen geeignet, da die wirksame Frequenz beider Halbwellen mit 100 Hz oberhalb der Flimmergrenze für Lampen liegt. Mit den Phasenanschnitt-Steuerschaltkreisen gibt es keine Probleme beim minimalen oder maximalen Stromflußwinkel. Halbwellenbetrieb wegen zu geringen Haltestroms bei kleinen Lasten oder zu geringen Phasenanschnitts entfällt, da dann die Nachzündautomatik eingreift.

10.1. Tageslichtfolgeschaltung mit Dämmerautomatik

Die in Bild 10.1 gezeigte Schaltung kann Lampen in Abhängigkeit vom Tageslicht oder Raumlicht schalten, z. B. für eine Aquarienbeleuchtung. Der Fototransistor (er ist gegen andere Fotoelemente problemlos auszutauschen) steuert den Ausgang des Schaltkreises *A 302*. Damit wird über den Vorwiderstand von 22 kΩ der Kondensator C_1 am Anschluß *11* umgeladen. Die Steuerspannung ändert sich, und das Licht gewinnt oder verliert langsam an Helligkeit. Der Regelverstärker ist mit der Brücke zwischen den Anschlüssen *10* und *12* als Folger geschaltet. Kurzzeitiges Schalten des *A 302* bleibt für die Steuerung unwirksam, weil der Anschluß *11* erst für Spannungen ab etwa −3 V die Glühlampen aufglimmen läßt, der Kondensator aber auf etwa −6 V gegen Masse (Betriebsspannung des *A 302*) geladen ist.
Die Beleuchtung reagiert nicht sofort auf eine „Störgröße". Das kann vorteilhaft sein, wenn das Fotoelement gleichzeitig von Tageslicht und Raumlicht gesteuert wird. Je nach Größe des Kondensators C_1 ergeben sich Verzögerungszeiten von etwa einer halben Minute. Der Schaltkreis *A 302* wird wie der *B 4207* oder *B 4211* direkt über einen Vorwiderstand von 22 bis 27 kΩ

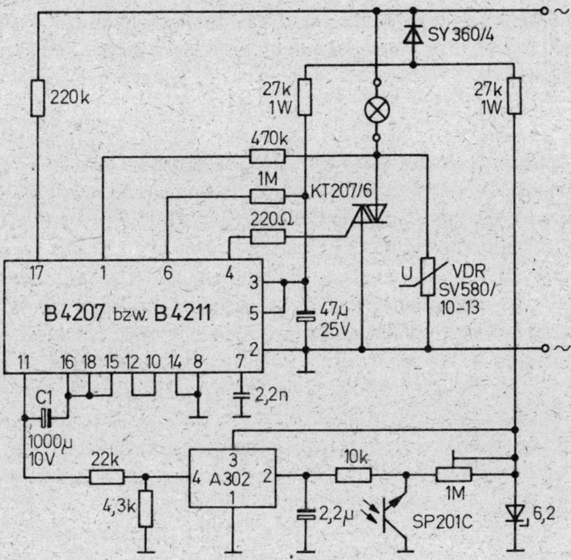

Bild 10.1 Tageslichtfolgeschaltung mit Dämmerautomatik

aus dem Netz versorgt. Die maximale Betriebsspannung von 6,3 V ist über die Z-Diode abgesichert. Je nach Empfindlichkeit des Fotoelements muß eventuell der Teiler am Anschluß *2* des *A 302* geändert werden. Ist das Fotoelement nicht in der Nähe der Lichtquellen, hilft oftmals eine Sammellinse, die zusammen mit dem Fotoelement in ein kleines Rohr justiert wird, mehr als ein empfindlicheres Fotoelement.

Neonröhren können nicht mit Phasenanschnitt in der Helligkeit geregelt werden. Sollen sie jedoch parallel mit den geregelten Glühlampen betrieben werden, kann ein Gleichspannungsrelais für möglichst hohe Versorgungsspannung mit Vorwiderstand, Diode und Siebkondensator die Neonröhren zuschalten, wenn die Helligkeit der Glühlampen fast das Maximum erreicht hat.

Der Varistor schützt den Triac gegen Spannungsspitzen für den Fall, daß Neonröhren an derselben Netzklemmstelle angeschlossen sind.

10.2. Zeitschaltung mit Dämmerautomatik

Wenn die Lichtstärke entsprechend dem vorherigen Beispiel nicht abrupt zunimmt, gibt es keine schreckhafte Reaktion der Fische. Sicherlich wichtiger als die Verhütung schreckhafter Reaktionen ist es jedoch, die Beleuchtung für Vögel entsprechend ihren Lebensgewohnheiten anzupassen. Speziell Vogelzüchter mit größeren Vogelhäusern haben im Winterhalbjahr das Problem, daß abends beim Verlassen der Vögel und beim Ausschalten des Lichts die Vögel nicht zu ihren Ruheplätzen finden. Hier hilft die in Bild 10.2 gezeigte, sehr einfache Beschaltung des *B 4207* bzw. *B 4211*. Die Schaltung ist möglichst klein auf-

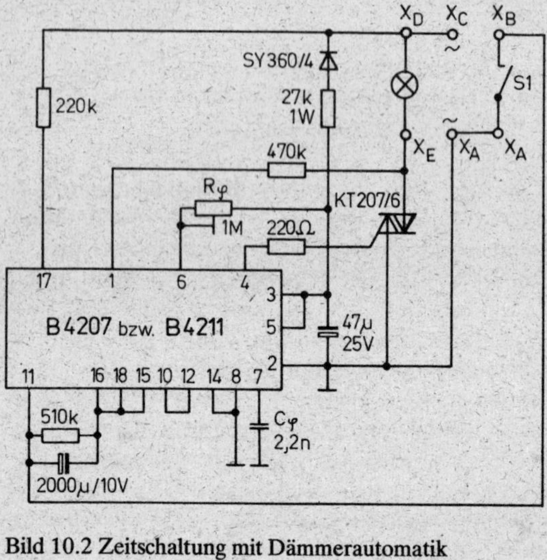

Bild 10.2 Zeitschaltung mit Dämmerautomatik

zubauen, damit sie gut in eine Abzweigdose paßt, an die der vorhandene Lichtschalter angeklemmt wird. An dieser Dose und damit an der Schaltung liegt ständig Netzspannung.
Über den Lichtschalter, der an den Klemmstellen X_A und X_B angeschlossen ist, wird nur unwesentlich verzögert Licht eingeschaltet, das noch geringfügig seine Helligkeit zum Maximalwert steigert. Beim Ausschalten bemerkt man zunächst keine Reaktion. Erst nach einigen Minuten wird das Licht schwächer, um etwa nach 15 Minuten zu verlöschen. $R\varphi$ wird so eingestellt, daß die Lampen sicher verlöschen. Ein Festwiderstand von 1 MΩ sichert das bei $C\varphi$ = 2,2 nF ab. Die Schaltung kann mit geänderter Zeitkonstante und einem Taster als Schalter zwischen X_A und X_B z.B. als Treppenlichtautomat genutzt werden. Unliebsame Überraschungen durch plötzlich fehlendes Licht gibt es dann nicht mehr. Wenn nötig, kann rechtzeitig durch erneuten Tastendruck Helligkeit nachgesteuert werden.

10.3. Anlaufschaltung für Projektionslampen

Die Schaltungen 10.1 und 10.2 steuern die Helligkeit über den Eingang der Phasenanschnittsteuerung mit vorgeschaltetem Regelverstärker. Bild 10.3 nutzt diesen Eingang nur, um die maximale Helligkeit festzulegen. Der Eingang wird auf Masse oder minimal −0,5 V gelegt, wenn kein Phasenanschnitt nach dem Sanftanlauf wirken soll.
Die Aufregelzeit wird allein vom Sanftanlaufkondensator am Anschluß *13* bestimmt. Der Startpunkt ist über den Widerstand $R\varphi$ am Anschluß *6* festzulegen.
Die Schaltung ermöglicht den schonenden Anlauf für teure Projektionslampen, deren Lebensdauer damit verlängert wird. Selbst normale Glühlampen kleiner als 100 W, die nur über wenige Netzperioden mit kurzer Anlaufzeit betrieben werden (der Sanftanlauf wird somit kaum bemerkt), bekommen eine scheinbar unbegrenzte Lebensdauer. Hier stehen natürlich die Kosten der Schaltung in keinem Verhältnis zum Nutzen. Für Halogenprojektionslampen rentiert sich der Aufwand sicher

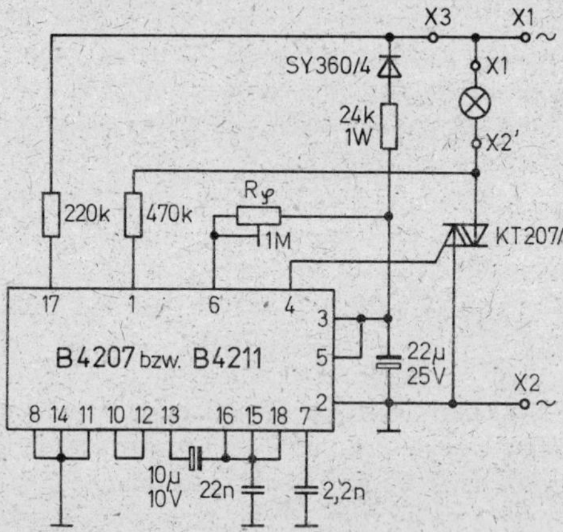

Bild 10.3 Anlaufschaltung zum Schutz des Verbrauchers vor einem Einschaltstromstoß

schon über die verlängerte Lebensdauer nur einer Lampe.
Bild 10.4 zeigt eine Platinenvorlage, die zusätzlich zur gezeigten Schaltung einen Gate-Widerstand (oder Drahtbrücke) und eine

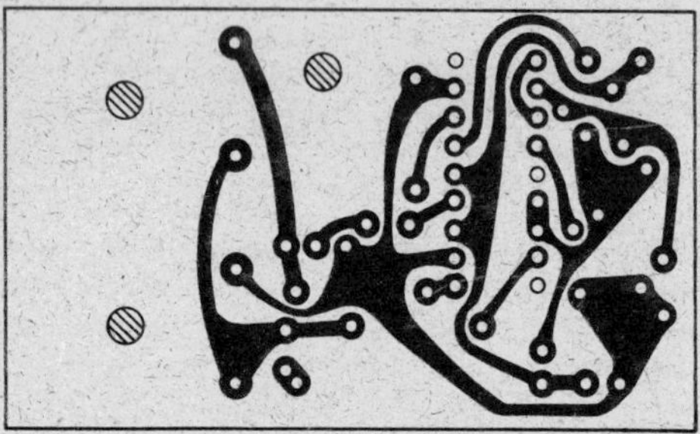

Bild 10.4 Platinenvorlage zum Bild 10.3

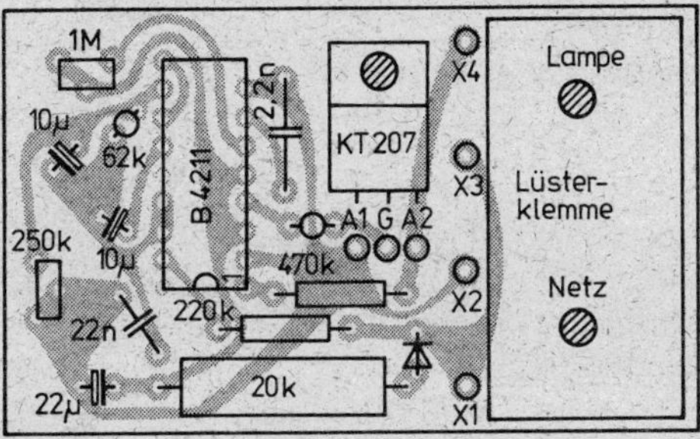

Bild 10.5 Bestückungsplan zur Platinenvorlage nach Bild 10.4

einstellbare Spannung für den Steueranschluß *11* über 250-kΩ-Einstellwiderstand und 62-kΩ-Vorwiderstand hat. Der Anschluß *11* ist mit 10 µF gegen Netzstörungen abgeblockt. Eine 4teilige Lüsterklemme ist auf der Platine aufzuschrauben. Der Triac ist ohne Kühlblech montiert, so daß etwa 100 W steuerbar sind. Bild 10.5 gibt den zugehörigen Bestückungsplan an.

11. Schaltbeispiele für Nullspannungsschalter

Die Nullspannungsschalter können analog den Beispielen des vorherigen Kapitels von Zeitgliedern oder Fotoelementen gesteuert werden. Verschiedenste Aufgaben wie Gewächshaustemperatursteuerung, Lichtschaltungen für Neonröhren oder Treppenlichtautomaten lassen sich damit lösen. Dieses Kapitel beschreibt nur die Steuerung und Regelung von Heizelementen, um einige Lösungsmöglichkeiten aus der vorhandenen Vielfalt zu zeigen.

11.1. Lötkolbensteuerung

Mit dem Nullspannungsschalter *B 4204* können netzbetriebene Lötkolben oder Niederspannungslötkolben gesteuert werden. Niederspannungslötkolben sind wiederum über einen Transformator primärseitig und sekundärseitig regelbar. Die Schaltung nach Bild 11.1 kann Netzspannungslötkolben oder primärseitig einen Transformator steuern.
Der Synchronisierwiderstand R_8 muß bei sehr kleinen Lastströmen Werte um 300 kΩ annehmen, wenn er direkt am Netz liegt, damit der Haltestrom des Triac für beide Halbwellen sicher erreicht wird.
Leitete man, wie im Bild angegeben, den Sychronisierimpuls am Triac ab, ist die Schaltung bedingt zur Steuerung induktiver Lasten geeignet. Der Zündimpuls wird für den nacheilenden Strom nicht zu früh erzeugt. Auf einen Nachteil muß hierbei jedoch hingewiesen werden. In dem Moment, in dem der Triac durchschaltet, erkennt der Spannungsdetektor durch die Auswertung der Spannung über dem Triac einen Nulldurchgang und bricht die Zündimpulserzeugung ab. Der Zündimpuls ist dadurch sehr schmal und wird nicht vom Rampenkondensator bestimmt. Die Ursache dafür liegt im Rücksetzen des internen

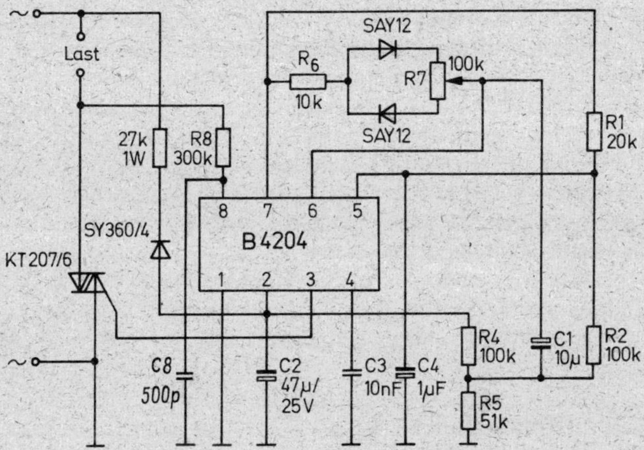

Bild 11.1 Periodengruppensteuerung für Lötkolben oder Lötkolbentransformatoren

Taktregimes beim Erkennen eines Nulldurchgangs vom Synchronisiereingang, wie im Abschnitt 7. beschrieben wurde. Reicht die Zündenergie nicht, wiederholt sich der Vorgang so oft, bis der Triac zündet oder die Halbwelle endet. Die Größe des Phasenanschnitts sowie die Zündenergie sind bei diesem Prinzip nicht definiert einstellbar. Die Zündimpulsbreite kann nur indirekt über einen Kondensator vom Anschluß *8* nach Masse mit Werten kleiner 1 nF vergrößert werden. Die Sychronisation über Anode 2 wird deshalb trotz der einfachen Art der Ansteuerung induktiver Lasten vom Hersteller nicht angegeben. Der Wert für R_8 kann bei der angegebenen Synchronisation im Beispiel verkleinert werden. Der Teiler R_4/R_5 legt den Fußpunkt des Kondensators C_1 und des zugehörigen Teilers R_1/R_2 für die Frequenz des Generators auf $^1/_3$ U_{CC} in den mittleren Steuerbereich des Regelverstärkers, der zwischen 0 V und Referenzspannung liegt.

Die Frequenz von etwa 0,2 Hz ist für den angegebenen Zweck sicher nicht zu niedrig. In der Rückführung zwischen Ausgang und invertierendem Eingang des Regelverstärkers liegt ein symmetrischer Zweig mit R_6, R_7 und den beiden Dioden. Wird R_6 für beide Diodenzweige aufgeteilt und variiert, dann sind unterer und oberer Stellpunkt für die minimale und maximale Heizleistung getrennt begrenzbar. Soll die Schaltung mit 24 V Wechselspannung arbeiten, muß der Vorwiderstand zur Betriebsspannungsversorgung etwas kleiner als 1 kΩ sein. Der Synchronisierwiderstand liegt gemeinsam mit diesem Vorwiderstand an der Versorgungsspannung. Er kann zwischen 5 und 20 kΩ je nach Laststrom gewählt werden.

11.2. Temperaturwächter

Um eventuellen Schäden durch Frost im Winter vorzubeugen, könnten im Wochenendhaus oder während längerer Abwesenheit im Haus an einigen gefährdeten Stellen Temperaturwächter nützliche Dienste leisten. Er könnte auch in der Laube im Lagerschrank die Äpfel vor zu starker Kälte schützen, in dem er 2 bis 3 15-W-Glühlampen anschaltet. Oftmals gibt es im Keller von Neubauten keine sinnvollen Lagertemperaturen. Das Risiko des Netzausfalls ist vernachlässigbar gering und sollte nicht von diesen Schutzmöglichkeiten abhalten. Bild 11.2 zeigt einen geöffneten, als Vorschaltgerät ausgeführten Temperaturwächter für Leistungen bis 200 W mit dem *B 4205*. Er kann an jeder Stelle eingesetzt werden. Der Temperaturfühler ist außerhalb des Gehäuses positioniert. Die Schalttemperatur läßt sich entsprechend der Schaltung um einige K verschieben. Der Aufbau erfolgte berührungssicher, die Schalttemperatur ist mit einem Schraubendreher gefahrlos einstellbar. Eine Diode in der Gate-Zuleitung zeigt den Schaltzustand an. In der Schaltung entsprechend Bild 11.3 ist diese Diode nicht eingezeichnet. Dafür wurde ein Gate-Vorwiderstand R_G eingefügt, um die Eigenerwärmung der Schaltung niedrig zu halten. Im Brückenzweig ist als Temperaturfühler der Schaltkreis *B 511* eingesetzt. Je nach Aus-

Bild 11.2 Temperaturregelung mit *B 511*

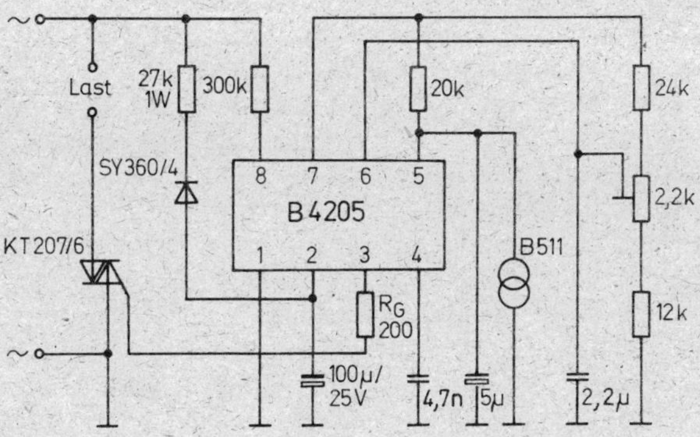

Bild 11.3 Schaltung für Temperaturregelung mit *B 511*

meßtyp dieses Schaltkreises kann der Referenzteiler für andere Temperaturbereiche eingeengt oder umdimensioniert werden. Der „ideale“ *B 511* erzeugt bei 0 °C einen Ausgangsstrom von 273 μA, der sich bei Temperaturerhöhung von 1 K um 1 μA vergrößert. Diese temperaturabhängige Stromquelle arbeitet auf den Widerstand von 20 kΩ. Das bedeutet für 1 K Temperaturänderung eine Spannungsänderung von 20 mV. Da der Regelverstärkereingang eine Hysterese kleiner 10 mV hat, kann die Temperatur, bezogen auf den Fühler, genauer als 1 °C eingestellt werden.

Der Regelverstärker arbeitet bei etwa −3 V in der Mitte seines Aussteuerbereichs. Die Brückenschaltung kompensiert keine Betriebsspannungsänderungen, weil die Stromquelle *B 511* eine konstante Spannung am Anschluß *5* erzeugt. Um die Referenzspannung möglichst konstant zu halten, wurde am Anschluß *2* der Stützkondensator auf 100 μF vergrößert. Die Eingänge sind mit 5 μF und 2,2 μF abgeblockt. Die Temperaturkoeffizienten der Widerstände sind von untergeordneter Bedeutung, da die Schaltung einen geringen Stellbereich hat und der Schaltpunkt bei der vorgegebenen Umgebungstemperatur von z. B. +1 °C justiert wird. Der Synchronisierwiderstand ist wegen der meist

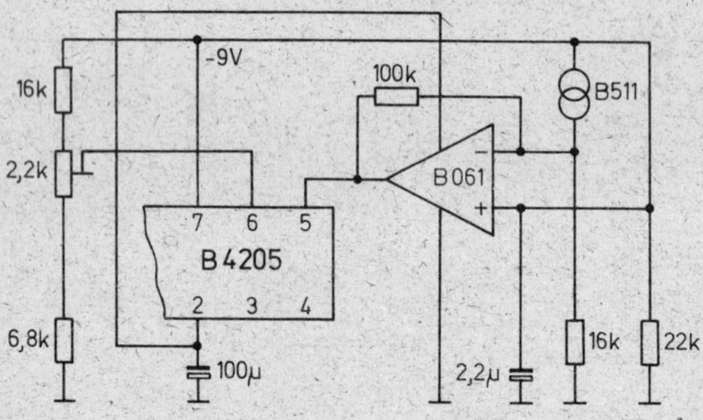

Bild 11.4 Schaltungsauszug nach Bild 11.3 für eine höhere Regelgenauigkeit

kleinen Last relativ groß gewählt. Bild 11.4 zeigt das Prinzip einer Temperaturregelung mit eingefügtem Operationsverstärker als Beispiel. Die Schaltung ermöglicht eine hohe Regelgenauigkeit. Je größer die geforderte Regelgenauigkeit, desto exakter muß die Heizleistung an die zu regelnde Strecke angepaßt werden!
Als Operationsverstärker eignet sich ein *B 061*, der von der Betriebsspannung am Anschluß *2* versorgt wird. Da die positive Betriebsspannung des OPV auf Massepotential liegt, beginnt der Gleichtaktbereich etwa 500 mV über Massepotential und geht bis 2,5 V an die negative Betriebsspannung heran. Der Steuerspannungsbereich umfaßt somit den gesamten Referenzspannungsbereich und ist vorteilhaft in weiteren Schaltungen mit den Bauelementen *B 4204* bis *B 4211* nutzbar.

11.3. Heizungsregelung

Der im Abschnitt 11.2. beschriebene Temperaturwächter ist auch zur Regelung von Heizungen geeignet. Für geringere Ansprüche an die Regelgenauigkeit genügt die Schaltung nach Bild 11.5.

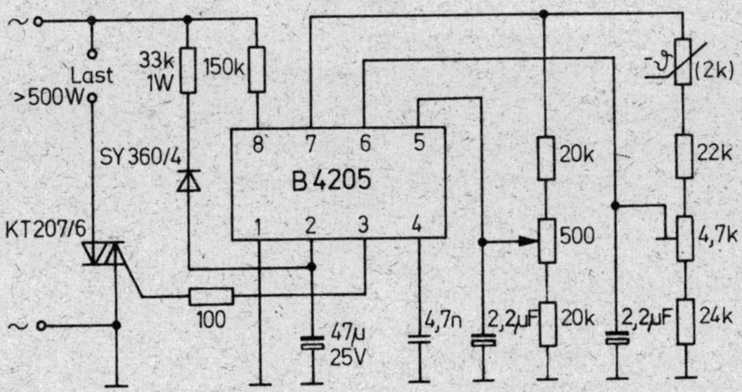

Bild 11.5 Temperaturregelschaltung mit einem temperaturabhängigen Widerstand

Die räumliche Anordnung des Temperaturfühlers bestimmt nach dem Zweck der Heizung wesentlich das Regelverhalten. Ist der Temperaturfühler für eine Raumheizung thermisch an das Heizelement gekoppelt und arbeitet damit bei wesentlich höheren Temperaturen als die Raumtemperatur, dann reicht für diesen Zweck ein temperaturabhängiger Fühlwiderstand. Je nach Temperaturgradient (positiv oder negativ) ist dieser Widerstand im Brückenzweig der Schaltung entsprechend anzuordnen. Die gesamte Schaltung sollte nicht über +85 °C erwärmt werden. Auch die Umgebungstemperatur darf nach den angegebenen Kennwerten der vorgestellten Schaltkreise nicht über +85 °C liegen. Für alle in dieser Broschüre aufgeführten Bauelemente gilt die maximale Verlustleistung von 1100 mW, die sich ab 25 °C reduziert und bei 85 °C noch 440 mW beträgt. Bedingt durch die große Chipfläche ergibt sich diese große Verlustleistung auch für das 8polige Gehäuse. Wird die Schaltung im Einzelfall nicht kenndatengerecht betrieben, sollten +100 °C jedoch nicht überschritten werden. Die Schaltung nach Bild 11.5 enthält keine Besonderheiten. Die Brückenschaltung ist mit dem großen Einstellbereich einfach temperaturabhängigen Widerständen anzupassen. Im angegebenen Beispiel beträgt der Widerstand von $R\vartheta$ für Raumtemperatur 2 kΩ. Die Referenzspannung wird wie im Beispiel nach Bild 11.2 mit etwa 0,5 mA belastet. Mit der Zündimpulsbreite von 38 µs kann der Vorwiderstand zur Spannungsversorgung mit 33 kΩ sehr groß gewählt werden. Die Eingänge des Regelverstärkers sind wiederum abgeblockt.

12. Grenzwerte

Entsprechend den verschiedenen Gehäusevarianten der Schaltkreise sind für gleichartige Eingänge und Ausgänge unterschiedliche Anschlußnummern aufgeführt. Die Benennung der Indizes erfolgt daher in der Reihenfolge *B 4207* und *B 4211* bzw. *B 4206, B 4204* und *B 4205*.

Tabelle 12.1

Kenngröße	Typ	Kurzzeichen	min	max	Einheit
Versorgung					
Stromaufnahme	–	$-I_{CC}$		30	mA
Spitzenstromaufnahme					
t= 10 µs, 1 ms Pause	–	$-I_{CC}$		100	mA
Referenzspannungsquelle					
Ausgangsstrom	*B 4207,*				
	B 4211	$-I_{016}$		7,5	mA
	B 4206	$-I_{015}$		7,5	mA
	B 4205	$-I_{07}$		7,5	mA
Phasenanschnittsteuerung					
Synchronisierströme	*B 4207,*	I_{I1eff}		5	mA
	B 4211	I_{I17eff}		5	mA
	B 4206	I_{I16eff}		5	mA
	B 4204,				
	B 4205	I_{I8eff}		5	mA
Eingangsspannung	*B 4207,*				
	B 4211	$-U_{I12}$	0	7	V
	B 4206	$-U_{I11}$	0	7	V
Eingangsstrom	*B 4207,*				
	B 4211	$\pm I_{I12}$	–	500	µA
	B 4206	$\pm I_{I11}$	–	500	µA
Kondensator	–	C	–	22	nF
Widerstand	–	R	0	–	kΩ
Sanftanlauf	*B 4207,*				
	B 4211	U_{I13}	U_{Ref}	0	V
	B 4206	U_{I12}	U_{Ref}	0	V

Kenngröße	Typ	Kurzzeichen	min	max	Einheit
Impulssperre					
Eingangsgröße	*B 4207,*				
	B 4211	U_{I18}	U_{Ref}	0	V
	B 4206	U_{5-15}	−5		V
		I_{I5}		1	mA
	B 4204	U_{I7}	U_{Ref}	0	V
Regelverstärker					
Eingangsspannung	*B 4207,*	U_{I11}	U_{CC}	0	V
	B 4211	U_{I10}	U_{Ref}	0	V
	B 4206	U_{I10}	U_{CC}	0	V
	B 4204,	U_{I5}	U_{CC}	0	V
	B 4205	U_{I6}	U_{CC}	0	V
Betriebstemperatur-bereich	–	ϑ_a	−10	+85	°C
Für den *B 4111* und *B 4207* gilt:					
f/*U*-Wandler					
Eingangsstrom		I_{I8eff}		3	mA
Eingangsspitzenstrom für $t_p<10$ µs und Pausendauer ≥1 ms		$\pm i_{18}$	0	13	mA
Für *B 4211* gilt:					
Grenzlastregelung					
Eingangsstrom		$-I_{I14}$	0	5	mA
Eingangsspannung		U_{I14}	0	3	V
Für den *B 4207* gilt:					
Momentenregelung					
Eingangsspannung		U_{I14}	−2	+2	V
		U_{I15}	U_{16}	−3	V
Für den *B 4206* gilt:					
Laststromüberwachung					
Eingangsspannung		U_{I13}	−2	+3	V
		U_{I14}	U_{15}	−3	V
Momentenregelung					
Eingangsspannung		U_{I8}	U_{15}	0	V
Eingangsstrom		I_{I9}		500	µA
Regelverstärker					
Eingangsspannung		U_I	U_{CC}	0	V

13. Entstörvorschriften und Entstörmaßnahmen

Beim Phasenanschnitt entstehende hochfrequente Anteile müssen nach TGL 20 885 vorgeschriebene Grenzwerte einhalten. Diese TGL regelt verbindlich Grenzwerte für die zulässigen Störstrahlungs- und Störspannungspegel. Analoges ist in der VDE 0875 für Geräte, die unterhalb 10 kHz betrieben werden, zu finden. Die Messung der Störanteile erfolgt nach genormten Meßverfahren entsprechend VDE 0877 und mit Meßgeräten, die in der VDE 0876 aufgeführt sind. Störgrößen entstehen bei einer Schaltung am Eingang, d.h. an der Netzseite, und am Verbraucher als Ausgang.

Nachfolgend wird der Schutz des Netzes vor Störungen beschrieben. Folgende Störanteile gilt es zu beseitigen:

- Symmetrische Störungen, die zwischen den beiden Eingangsklemmen anliegen.
- Unsymmetrische Störungen, die zwischen jeder Eingangsklemme und Masse auftreten.

Die Kenntnis der Quellwiderstände dieser beiden Störanteile führt zum Aufbau eines Entstörfilters nach Bild 13.1.

Die Kondensatoren C_1 und C_2 sowie die Drossel *Dr* unterdrücken die niederohmige symmetrische Störspannung. Die Drossel sorgt dafür, daß die Störquelle am Kondensator C_1 hochohmig wird und damit C_1 wirken kann. C_2 trägt nur geringfügig zur Entstörung bei. Die Werte für C_1 und C_2 liegen zwischen 0,1 und 2 µF.

Für die Drossel liegen praktisch handhabbare Werte zwischen

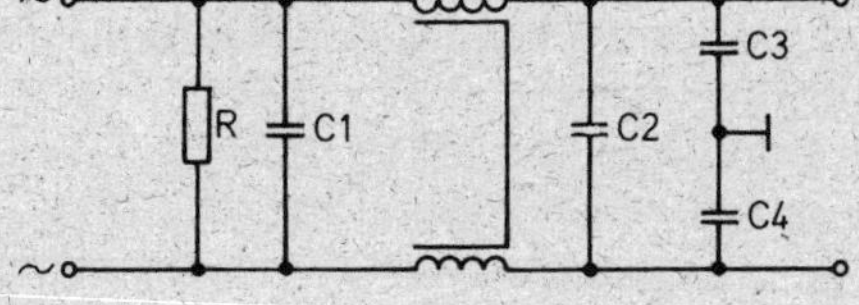

Bild 13.1
Entstörfilter für Netzbetrieb

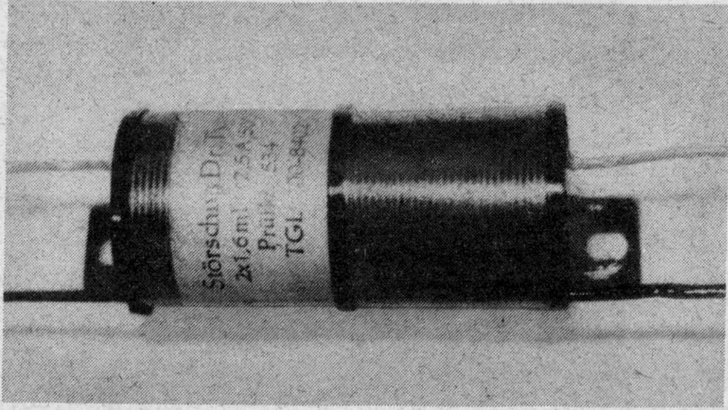

Bild 13.2 Stabkerndrossel

1 und 20 mH. Als Drossel ist vorteilhaft und platzsparend eine Ringkerndrossel einzusetzen. Diese ist für den Amateur jedoch schwer erhältlich. Verfügbar sind Störschutzdrosseln entsprechend TGL 200-8402 in verschiedenen Leistungsklassen. Bild 13.2 zeigt eine Störschutzdrossel mit 2 × 1,6 mH für 2,5 A. Die darauf vorhandenen 2 Wicklungen sind so anzuschließen, daß sich die Gleichkomponente aufhebt, da sonst die Sättigung des Kernmaterials die Drossel wirkungslos werden läßt.
Die Kondensatoren C_3 und C_4 liegen je nach Aufbau symmetrisch gegen Masse, Schutzleiter oder Gehäuse. Sie schließen die unsymmetrische Störspannung mit hohem Quellwiderstand kurz. Es genügen daher kleine Kapazitäten. Das ist außerordentlich wichtig, da der Maximalwert zwischen Netzleiter und Gehäuse in TGL 20 886 für ortsveränderliche und ortsfeste Geräte der verschiedenen Schutzklassen festgelegt ist. Mit einem Maximalwert von 2,5 nF können alle ortsveränderlichen Geräte der Schutzklasse I, bei denen Schutzleiter und Gehäuse verbunden sind, betrieben werden.
Der Widerstand R trägt nicht zur Entstörung bei. Er schützt vor Berührungsspannungen am gezogenen Netzstecker. Die Kondensatoren müssen für 220-V-Wechselspannung bemessen sein.